国家重点基础研究发展计划项目(2009CB219603)
国家科技重大专项项目(2008ZX05035)
江苏高校优势学科建设工程资助项目

煤层气储层地震属性响应特征及应用

祁雪梅　董守华　著

中国矿业大学出版社

内容简介

本书针对煤层气储层地震属性响应的特征进行了研究，初步建立了煤层气储层含气量和地震属性响应之间的关系，提出了一种基于 DST 和 DSmT 自适应地震多属性融合预测煤层气含气量的方法。书中还总结了煤岩样应力作用下速度各向异性实验测试与分析的成果，在此基础上正演模拟分析了方位AVO(AVA)与煤层气储层裂缝密度的关系，提出了煤层气储层裂缝 AVA 分析方法，将煤层气储层裂缝密度预测结果与储层渗透性另一重要影响因素地应力信息融合，形成了煤层气储层渗透性预测新方法。

本书可供从事煤层气勘探与开采研究的相关人员阅读，也可供高等院校的地球物理勘探相关专业的研究生和本科生阅读参考。

图书在版编目(CIP)数据

煤层气储层地震属性响应特征及应用/祁雪梅，董守华著. —徐州:中国矿业大学出版社，2017.1

ISBN 978-7-5646-2543-6

Ⅰ. ①煤…　Ⅱ. ①祁…　②董…　Ⅲ. ①煤层—油气藏—储集层—地震反应分析—研究　Ⅳ. ①P618.130.2

中国版本图书馆 CIP 数据核字(2014)第 261823 号

书　　名　煤层气储层地震属性响应特征及应用
著　　者　祁雪梅　董守华
责任编辑　周　丽
出版发行　中国矿业大学出版社有限责任公司
　　　　　　(江苏省徐州市解放南路　邮编 221008)
营销热线　(0516)83885307　83884995
出版服务　(0516)83885767　83884920
网　　址　http://www.cumtp.com　**E-mail**:cumtpvip@cumtp.com
印　　刷　徐州中矿大印发科技有限公司
开　　本　787×960　1/16　**印张** 6.5　**字数** 120 千字
版次印次　2017 年 1 月第 1 版　2017 年 1 月第 1 次印刷
定　　价　28.00 元
(图书出现印装质量问题，本社负责调换)

前　言

我国具有丰富的煤层气资源,煤层气资源的开发利用不仅可以作为常规能源的重要补充,还可以有效地减少煤矿井下瓦斯突出事故,有利于煤矿安全生产。目前,煤层气资源的开采效率制约了煤层气资源开发,而提高煤层气开采效率的关键问题是对高丰度煤层气富集区的准确预测。煤层气储层不同于一般的油气裂隙储层,具有厚度薄、反射系数较大、裂隙密度高等特点,并表现出各向异性较强的特征。目前常用的煤田地震勘探技术可以查明一定规模的构造分布、煤层的埋藏深度和煤层的隐伏露头位置与倾角,预测煤层厚度等,但还不能对煤层气储层特性做出精确的评价,即无法准确预测煤储层的渗透性和含气性。本书通过对煤层气储层地震属性响应特征的研究,重点开展煤层气储层含气量和渗透性的地震预测方法研究,提出了基于地震属性的高丰度煤层气富集区预测技术方法。

书中总结了影响高丰度煤层气富集区的地质因素,通过井下原位测试实验方法,研究了煤层气含量与地震属性响应关系;依据等效介质理论建立煤层气储层地质模型、地震正演模拟剖析煤层气储层含气量的地震属性响应特征,正演模拟和井下原位测试结果相吻合。本书提出了一种基于 DST 和 DSmT 自适应地震多属性融合预测煤层气含气量的方法。首先根据煤层气含量值与地震属性响应的关系,优选出均方根振幅、主频、频带宽度和瞬时相位四种地震属性作为煤层气含量值敏感地震属性;然后将四种地震属性通过 DST 和 DSmT 自适应的信息融合方法进行融合,对煤层气含量值进行预测,有效地解决了单一地震属性预测时的不确定性和多解性问题,提高了预测精度。

储层裂缝密度是煤层气储层渗透性的重要影响因素。在总结煤岩样应力作用下速度各向异性实验测试与分析成果的基础上,书中正演模拟分析方位 AVO(AVA)与煤层气储层裂缝密度的关系,提出了煤层气储层裂缝 AVA 分析方法,将煤层气储层裂缝密度预测结果与储层渗透性另一重要影响因素地应力信息融合,形成了煤层气储层渗透性预测新方法。最后提出了按三层次进行高丰度煤层气富集区地震信息融合方法:① 含气量与煤厚信息融合,进行高丰度煤层气富集区资源条件预测;② 裂隙密度与地应力信息融合,进行煤层气开采条件预测;③ 资源条件与开采条件信息融合,最终形成高丰度煤层气富集区地震信息融合的预测方法。书中提出的煤层气富集区预测方法，在实际应用中取得了较好的效果，证明了该方法的有效性。

本书由中国矿业大学的祁雪梅博士和董守华教授共同完成，书中研究成果先后得到了国家重点基础研究发展计划项目（编号 2009CB219603）、国家科技重大专项项目（编号 2008ZX05035）和江苏高校优势学科建设工程资助项目的资助。在研究过程中得到了刘盛东、黄亚平、邹冠贵、吴海波、陈贵武、王好龙等人的帮助，在资料收集和处理的过程中也得到了他们的大力支持，在此一并向他们表示衷心的感谢。在作者的研究和写作过程中，参考了大量文献资料，在此对原作者表示深深的谢意。

由于作者水平有限，书中疏漏之处在所难免，恳请读者批评指正。

作者

于中国矿业大学

2013 年 12 月

目　录

1 绪 论

煤层气俗称“瓦斯”,煤矿瓦斯事故是煤矿安全生产的最大威胁之一,高瓦斯煤矿和瓦斯突出矿井占我国国有总矿井数的46%。因瓦斯事故而死亡的人数约占煤炭行业工伤事故总死亡人数的30%~40%,占重大事故的70%~80%,造成的人员伤亡和巨大经济损失已在社会上形成很大的负面影响[1,2]。同时煤层气又是一种优质、洁净而且易于运输的低成本能源[3]。随着我国国民经济的快速发展,对能源、尤其是清洁能源的需求持续增加。从1993年开始,中国由原油净出口国转身变为进口国,而随着国内需求的不断增加,进口量也在不断攀升,2007年我国原油净进口15 928万t,同比增长14.7%,原油对外依存度达到46.05%。据统计2012年我国石油需求量大概为4.7亿t,其中进口大约2.7亿t,2012年中国原油对外依存度为56.42%,为历史最高值。较高的油气对外依存度已严重威胁国家能源安全。加快煤层气产业发展,在改善煤矿安全生产条件的同时还可有效减缓常规油气需求过快增长给我国能源安全造成的巨大压力[4,5]。

目前我国已探明煤层气储量为1 359亿m^3,控制储量3 000亿m^3以上,煤层气产量每年不到5亿m^3,煤层气产业化发展还处于储量低、产量低的起步阶段,煤层气勘探开发区块准备不足,制约了煤层气产业的发展[6]。根据国外煤层气开发经验,煤层气富集区块对煤层气的储产量增长起着至关重要的作用,美国圣胡安盆地费鲁特兰(Fruitland)煤层气富集带,宽14 km,长64 km,煤层气资源丰度达1.6亿~3.3亿m^3/km^2,单井煤层气产量最大可达到2.8万~16.8万m^3/d,煤层气产量占全美产量的50%[7]。我国的煤层气勘探开发面临着如何寻找高丰度煤层气富集区和如何提高煤层气开采效率两个关键问题。由于煤层气钻孔数量少、成本高,因而需要寻找依赖钻孔少、高效率、低成本的高丰度煤层气富集区识别方法。地震勘探方法具有成本低、效益高、探测目标尺度小和分辨率高等众多的优点,研究高丰度煤层气富集区地震预测方法,可以使低成本、高效率圈定高丰度煤层气富集区成为可能。

煤层气储层不同于一般的油气裂隙储层,具有厚度薄、反射系数较大、裂隙密度高等特点,并表现出各向异性较强的特征。目前常用的煤田地震勘探技术可以查明一定规模的构造分布、煤层的埋藏深度和煤层的隐伏露头位置与倾角,预测煤层厚度等,但还不能对煤层气储层特性做出精确的评价,即无法准确预测煤储层的渗透性和含气性。大量的试验结果表明，煤体吸附煤层气的含量对煤的力学性能影响是显著的：一般来说，煤层气含量越高，煤体强度越低，向呈塑性变形转化，出现体积膨胀；煤层气含量越低，煤体强度越高，煤体压缩性减小，向呈脆性破坏转化。弹性模量的测试结果表明，煤中含煤层气时，其弹性模量变化很大[8]。煤层气对其所赋存的煤体的这些影响必然会引起地震属性的变化，为使用地震勘探预测煤层气含量提供了理论基础。同时，煤层气含量是由多种地质因素共同决定的，而地震属性是各种地质因素综合作用的结果。因此，定量研究二者之间的数学关系，使用多属性相结合的方法，就有可能定量预测煤层气储层参数。

煤层气地震勘探具有其特殊性，既不同于油气地震勘探也不同于常规的煤田地震勘探，而事实上其要求往往高于二者。对煤层气储层的地震属性响应特征进行分析研究，建立基于地震属性的高丰度煤层气富集区预测方法，可以减少对煤层气钻孔的依赖，提高预测精度。本书依托国家重点基础研究发展计划(973 计划)项目“高丰度煤层气富集区地球物理识别(2009CB219603)”、国家科技重大专项项目“煤层气地震叠后属性分析技术研究(2008ZX05035)”和江苏高校优势学科建设工程资助项目，基于地震属性对高丰度煤层气富集区的地震勘探预测方法进行研究，重点开展煤层气储层含气含量预测、煤层气储层渗透率预测和高丰度煤层气富集区地球物理信息融合预测等多方面的工作，形成基于地震属性的高丰度煤层气富集区预测方法。

1.1 煤层气地震勘探方法国内外研究现状

1.1.1 研究现状

煤层气的地震勘探不同于现行的利用反射波的运动学特征来解决构造问题的油气勘探，它属于岩性地震勘探范畴。1998 年，中联公司利用地震勘探的方法对沁水盆地进行了勘探，此举为我国利用地震技术勘探煤层气资源奠定了基础[9]。国外方面，虽早在 20 世纪 70～80 年代美国就利用地震属性、神经网络划分叠加数据和 AVO 数据交互式地震相技术等地震手段勘探煤层气，但总的来说国外对煤层气地震勘探方面的研究相对较少，可见文献不多。目前文献可见的煤层气地震勘探的方法主要包括以下几种：

1.1.1.1 地震反演技术

地震反演技术综合应用地震、测井和地质等资料揭示地下目的层的包括厚度、延伸方向、尖灭位置、顶底板的构造形态等在内的空间几何形态和目的层的微观特征；这是把连续分布的地震资料和高分辨率的测井资料进行转换、匹配和结合的过程[10]。

目前,反演的主要方法是波阻抗反演,即利用地震资料反演地层的波阻抗或速度的地震处理技术,它在对储层岩性预测和油藏特征描述中有显著的地质效果。通过波阻抗反演计算煤层气储层的厚度是煤层气地震勘探的重要用途之一。彭苏萍等使用测井约束对地震波阻抗进行反演,利用煤层和其顶底板波阻抗的显著差异来追踪煤厚变化,获得了高精度的煤厚信息[11]。同时因为煤储层含气会导致煤储层的地震波速度和密度产生差异,煤层气含量较高的地区地震波场速度和密度要比煤层气含量低或不含气的煤层低,因此在排除煤层构造异常对波阻抗值的影响后,煤层中波阻抗值较低的地方可以认为是煤层气含量较高的区域。这样就可通过钻井资料的约束利用地震反演得到的波阻抗差异进行煤层气富集区预测。常锁亮等利用叠前弹性阻抗反演技术对沁水盆地南部位于沁水复向斜西翼的一个勘探区的主力煤层的含气性进行了预测[12]。邹冠贵等通过测井约束反演,把横向上密度较高的地震资料和纵向上分辨率较高的测井资料结合在一起,对薄层的孔隙率分布规律进行了研究,得出了波阻抗增大是孔隙率值单独减小的结论[13]。Malleswar Yenugu 利用概率神经网络对澳大利亚东北部的煤层气储层地震数据进行反演,研究处于砂岩和页岩之间的煤储层特征,在垂直分辨率和储层非均匀性的横向变化方面都获得了很好的效果[14]。

1.1.1.2 三维三分量地震勘探技术

与常规的地震勘探技术不同,三维三分量地震勘探技术不仅对地震纵波进行观测,同时还利用了地震波的横波技术。依据实验可知:在煤层气含量值较低时,快、慢波时差小;煤层气含量值高时,快、慢波时差大。由此可以说明快、慢波时差和煤层气含量值之间具有良好的对应关系[15]。当一个横波入射至近乎平行的垂直裂隙体系后,慢横波在和裂隙平面垂直的方向偏振,快横波则在和裂隙平面平行的方向偏振,当地震波中的横波遇到裂隙和气体等地质异常体时,快、慢波到达的时差会增大,因此可以利用这种方法比较准确地预测煤储层中的裂隙发育位置,从而较为准确地预测煤层气富集部位。柳楣等提出了利用煤层裂隙地震各向异性来寻找煤层气气藏,给出了煤层裂隙引起的横波分裂现象的实验室研究及实际野外实验成果,得出了利用转换横波进行煤层气实际勘探是可行的结论[16]。杨维等将三分量地震数据和测井资料进行联合反演获得纵横波速度和地层密度,计算出精确的泊松比参数,提高了朗缪尔(Langmuir)法预测煤层气含量值的精度[17]。王赟、殷全增、芦俊等使用三维三分量地震数据对煤系地层的裂隙发育带进行了预测,取得了满意的效果[18-20]。

与单一纵波勘探相比,三维三分量地震勘探所提供的时间、振幅、速度和波阻抗等信息有成倍的增加,同时会衍生出差值、几何平均值、比值和弹性系数等参数。利用这些参数能有效地估算出地层岩性的孔隙、裂隙和含气性等。同时三维三分量纵横波速度比、振幅比、传播时间比和泊松比等都可用来研究岩石孔隙率、孔隙流体性质和裂隙发育区、岩性变化等参数。这些参数的预测对煤层气储层的研究均具有直接的物理意义。但因为三维三分量的勘探成本相对较高,因此目前使用的还不是很多。

1.1.1.3 叠后地震属性技术

煤层与围岩间大的地震波阻抗差异将掩盖煤层物性变化引起的细小波阻抗差异,煤储层的高非均质性以及饱和煤与无气煤密度差异极小的特征,使得地震信号响应微弱。选择合适的地震属性可以放大地震响应中的微小特征,提高煤层气勘探的精度[21]。

马洛昆(Marroquín)等认为三维地震数据在预测煤层厚度和储层渗透率方面很有潜力,在对新墨西哥州圣胡安盆地的煤层气储层地震属性研究后,得出了可以综合利用最大绝对振幅、总能量和道积分三个地震属性预测煤层厚度,以及利用曲率属性预测储层渗透率的结论[22]。泰博(Tebo)等对利用地震属性预测地下储层参数的分布进行了研究,使用概率神经网络和四种地震属性对储层的孔隙率分布进行了预测[23]。张延庆通过分析沁水盆地煤田的地震地质条件,利用井信息结合地震资料,得出了该区煤层气储层的特征与规律;利用数学地质知识的统计分析、回归分析,讨论了煤层气储层参数(煤层厚度、孔隙率及含气量)的地震属性预测方法[24]。常锁亮等认为煤层气地震勘探应以基于双向介质理论和各向异性介质理论为基础,充分研究波动力学特征,利用属性分析、反演技术等开展构造煤发育带预测、含气性与渗透性等煤层气储层研究[12]。陈金刚结合沁水盆地试井渗透率资料和研究区构造地质背景,对煤层气储层渗透率和构造曲率属性之间的关系进行了探讨,发现构造曲率介于 0.05 之间时,试井渗透率大于 0.5 mD,得出了过高和过低的构造主曲率对煤层气储层渗透率的提高都不利的结论[25]。杜文凤等认为地震层位的曲率属性反映了煤层受构造应力挤压时层面弯曲的程度,张应力越大曲率越大,张断裂也越发育,因此根据煤层的曲率线性构造异常,可进行小断层预测,曲率异常的长度代表着断层的延展长度,曲率异常的走向代表着断层的走向[26]。吴俊等通过交差验证和逐步回归技术首先确定了最优地震属性和地震属性个数,然后应用神经网络建立地震属性和孔隙率之间的映射关系,反演了孔隙率数据体对研究区的孔隙率空间变化进行了预测,预测结果与已有的钻井结果吻合程度高,证明了该方法的有效性[27]。黄超平从延川南地区的地震资料中提取了多种地震振幅、相位和频率等属性,对地震属性和煤层气储层的煤层、含气层、含水层和反射结构的关系进行了研究,得出了地震属性分析能够精确描述煤层气储层的地层、构造和岩性特征,能够判别储层中的含气层和含水层的结论[28]。汪志军等通过对突出煤层巷道中地震数据的采集和分析，证明了煤储层中煤层气含量值与地震波属性间具有一定相关性[29]。李艳芳等借助于支持向量机(SVM，Support Vector Machine)技术对包括振幅、相干、频率和时间在内的多个地震属性进行优选，并在已知钻孔约束下利用已建立的SVM模型对研究区煤层气富集区进行了预测，获得了比利用钻孔插值更精确的预测结果[30]。胡朝元等提出了以地震属性和钻孔测井参数为基础，以数学地质为桥梁，建立地震属性与煤层气储层参数的关系公式，实现了煤层气储层参数定理预测的方法[31]。

1.1.1.4 AVO技术

振幅随偏移距的变化(AVO，Amplitude Variation with Offset)技术主要利用地震波振幅随入射角(偏移距)的变化来探测天然气的富集部位[32]。胡朝元等针对已知的瓦斯突出点进行AVO反演，得出了煤和瓦斯突出点可以引起地震AVO响应异常的结论，根据突出点的地震AVO响应的特征结合交会分析与综合指标分析实现了对煤与瓦斯突出区的预测[33]。杜文凤等对瓦斯突出和非突出煤的AVO响应进行了比较，发现两者在其顶、底界面的AVO响应上均表现出地震振幅的绝对值随偏移距增大而减小的特点，但非瓦斯突出煤的值和斜率都要小于瓦斯突出煤的；同时煤厚的变化也会对AVO的响应有影响[34]。孙斌等研究了煤储层含气性与地震AVO属性之间的关系，认为煤层气高产井一般有较强的AVO异常，得出了利用AVO属性能够对煤层气富集区进行预测的结论[35]。张兴平通过对高、低产煤层气井AVO正演特征的研究，也得出了高产气井的振幅随偏移距的增大存在明显的减弱现象，而低产气井AVO现象不明显的结论[36]。屈绍忠等也提出了AVO高异常可以准确解释煤层气富集部位的观点[37]。邱杰等依据截距、梯度数据体运算获得的AVO异常综合剖面图有效地预测了煤层气富集有利区域及部署煤层气高产井位[38]。林建东等通过对天然气AVO理论的取舍，重建了煤层气AVO技术的岩石物理理论，保留天然气AVO技术的地震波理论外壳，建立了煤层气AVO地震波理论基础，并将其应用于煤层气勘探开发实践中，在煤层气局部富集区预测实践中取得了较好的应用效果[39]。

方位AVO反演多用于预测裂隙和非均质性方面的岩性，地下裂隙的存在会导致地震波场呈现方位各向异性的特征，地震波的反射振幅会随着方位角和炮检距的变化而变化。陈强等利用三维地震资料对纵波叠前AVO和方位AVO反演方法进行了应用研究，提出了应用P波AVO技术预测煤层气储层裂隙的方法[40]；彭晓波等人认为P波方位AVO属性对裂缝的发育程度具有较好的敏感性，通过P波方位AVO属性的分析可以得到地下介质裂缝的发育情况，并在淮南煤田某矿区进行了实例验证,取得了较好的预测效果[41]。毛宁波、杜惠平、刘朋波等也都对方位AVO在储层裂缝探测中做了研究,证明了利用方位AVO探测储层裂缝的可能性[42~46]。

拉莫斯(Ramos)教授将三维三分量的AVO技术应用于煤层气田的煤层裂隙预测,证明了AVO方法可以用于描述裂缝性储层的性质,给出裂缝密度变化的空间位置[47]。彭苏萍等提出了三参数AVO分析方法,并在淮南煤田开展了三维三分量地震勘探,提出在探测煤层厚度、裂隙发育和煤层气富集区域时,可分三个层次进行地震属性反演来达到目的,即纵波叠后反演、纵波叠前反演、方位AVO反演和多波联合反演[48]。常锁亮等对沁水盆地某勘探区煤层进行方位AVO反演,获得了煤层各向异性强度平面分布图[49],研究表明褶曲转折部位和断层两侧各向异性强度强,从而推断这些区域为裂隙系统发育区,确定为煤层气富集区。陈同俊等对基于方位AVO正演的具有水平对称轴的横向各向同性(HTI,Transverse Isotropy with a Horizonal Axis)构造煤裂隙可探测性进行了分析,得出了方位AVO的P波可以被用来识别煤层的顶板岩性,G值随方位角变化曲线的极值和波幅可分别用来获得裂隙密度信息的结论[50]。

1.1.2 煤层气地震勘探存在问题

虽然国内外对煤层气地震勘探已经有很多研究方法,但这些方法往往只注重单一因素,而高丰度煤层气富集区地质方法评价标准是多方面的,本身就是一个信息融合的过程;同时地球物理方法本身也具有明显的不确定性和多解性。要解决单一信息预测带来的不确定性,提高预测精度,就必须探索煤层气地震勘探新理论和新方法,采用地震多信息融合方法预测高丰度煤层气富集区。

1.2 研究内容和方法

1.2.1 研究内容

本书的主要目标是建立基于地震属性的高丰度煤层气富集区预测方法。围绕这一目标,首先总结高丰度煤层气富集区的地质主控因素,建立了煤层气富集区地质评价技术指标体系;通过实验和理论相结合的方法研究了煤层气富集区的地球物理响应,构建了高丰度煤层气富集区的地球物理识别模式。书中主要开展了高丰度煤层气富集区地球物理学基础研究、煤层气含量地震属性预测方法研究、煤层气储层渗透性预测方法和高丰度煤层气富集区地球物理信息融合预测方法研究等多方面的工作,从理论研究和实际应用两个方面开展工作,具体研究内容如下：

(1) 煤层气储层含气量地震响应特征研究

从理论和实验两方面研究煤层气储层含气量的地震响应特征。以计算岩石物理学为基础，将处于吸附态的煤层气看成煤岩所含矿物的组成部分，计算煤层气储层弹性参数，分析储层弹性参数与含气量的关系，并以此为基础建立煤层气储层地震模型。对模型使用有限差分正演模拟，分析储层含气量与地震属性响应关系。采用实际尺度的原位测试方法，在不同煤层气含量的煤层上进行速度和频率的测试，建立宏观煤层速度、频率特征与煤层气含量的关系。

(2) 煤层气储层含气量地震属性预测方法研究

通过对煤层气储层含气量地震属性响应特征的分析，优选了含气量敏感地震属性。为减小单一地震属性预测含气量时的多解性和不确定性，提出了一种基于登普斯特-谢菲尔理论(DST，Dempster-Shafer Theory)和德泽尔特-斯马兰达凯理论(DsmT，Dezert-Smarandache Theory)自适应信息融合方法，将地震属性进行融合后再用于煤层气储层含气量的预测，提高了预测精度。

(3) 煤层气储层渗透性地震预测方法研究

总结煤岩样应力作用下速度各向异性实验测试与分析的成果，正演模拟了方位 AVO(AVA)与煤层气储层裂缝密度的关系，提出了煤层气储层裂缝 AVA 分析方法。介绍了储层地应力的地震计算方法，并将煤层气储层裂缝密度预测结果与地应力信息融合，形成了煤层气储层渗透性地震预测方法。

(4) 高丰度煤层气富集区地震预测方法研究

提出了三层次高丰度煤层气富集区地震信息融合预测方法：① 含气量与煤厚信息融合，实现高丰度煤层气富集区资源条件预测；② 裂隙密度与地应力信息融合，实现煤层气开采条件预测；③ 资源条件与开采条件信息融合，最终形成高丰度煤层气富集区地震信息融合的预测方法。

(5) 高丰度煤层气富集区地震预测方法在实际中的应用

将上述高丰度煤层气富集区预测方法应用于实际，对沁水盆地某勘探区的煤层气开采实验区的高丰度煤层气富集区进行预测，并对预测结果做出分析。

1.2.2 研究方法

对高丰度煤层气富集区主控地质因素进行总结，将其分为资源条件和开采条件两大类，然后分别对其预测方法进行研究。首先从理论上证明利用地震属性预测煤层气含量值和煤层气储层裂隙密度的可行性；然后通过实验结果验证理论推导的结果；最后将提出的方法应用到实际中，通过实际预测结果进一步验证方法的正确性。研究内容及方法如图 1-1 所示。

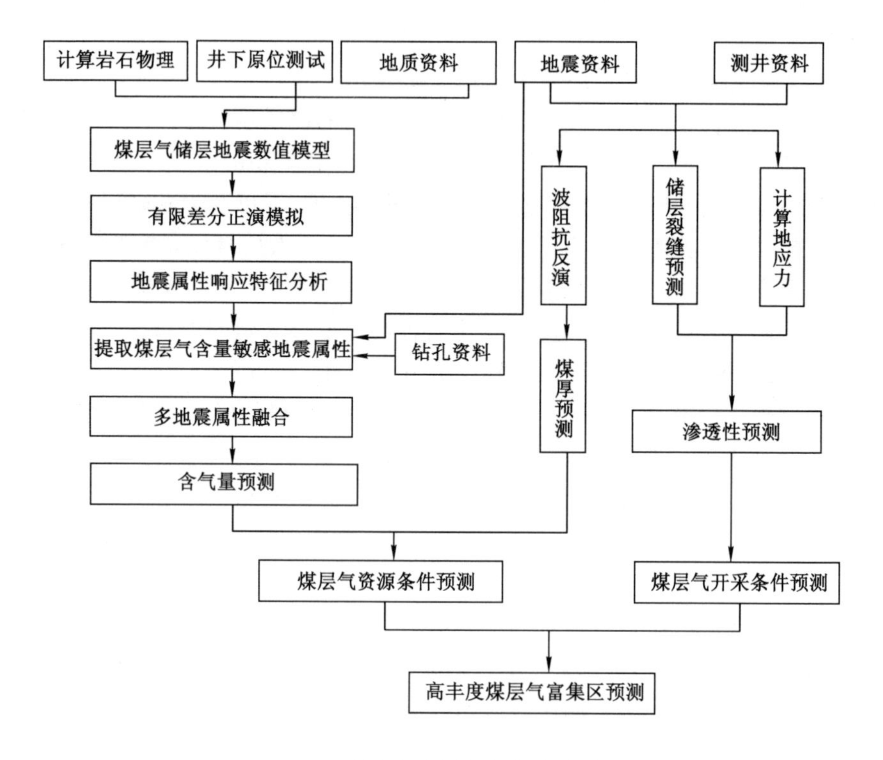

图 1-1 研究内容框架与技术路线图

2 高丰度煤层气富集区地球物理基础

影响煤层气富集成藏的因素很多,各因素之间关系错综复杂,而且在煤层气富集区诸多控制因素中并不是所有的因素都具有同等重要的作用。本章在对高丰度煤层气富集区的各种影响因素进行分析总结的基础上,首先建立了高丰度煤层气富集区地质评价技术指标体系,然后对高丰度煤层气富集区主控地质因素的地震响应特性进行了研究。

2.1 高丰度煤层气富集区地质评价技术指标体系

2.1.1 高丰度煤层气富集区的地质含义

国内外对煤层气富集区的界定存在较大的差异,国外认为较高的煤层气产量是富集区的重要特征,而国内煤层气富集区多指煤层气资源量达到一定规模的区域。国家重点基础研究发展计划项目"高丰度煤层气富集机制及提高开采效率基础研究"课题组根据目前国内外对煤层气富集区认识上的不足,结合国内外煤层气富集高产区的地质解剖,提出了考虑短期和长期效益的高丰度煤层气富集区的地质含义:高丰度煤层气富集区是指在相似地质构造单元,有效供气面积内储量丰度较高、煤层渗透性好、具有一定规模、煤层气产量高并能进行高效商业开发的区域。简而言之,高丰度煤层气富集区是指同时具有较大的资源规模和较高的渗透率、能够实现煤层气高产的区域。煤层气的资源丰度和规模是高丰度煤层气富集区形成的物质基础,较高的煤层气产量是高丰度煤层气富集区的必备要素。因此,一个区域之所以称为高丰度煤层气富集区,必须满足资源性和可采性这两个基本条件。实际上,国外煤层气产业能够取得成功并形成大规模的商业性开发,正是得益于在一些盆地内发现了高丰度的煤层气富集区带,这些区带面积不大,但是资源丰度很高、产量巨大[51]。

煤层气以吸附态存在于煤孔隙内表面或以游离态分布在煤的孔隙和裂缝内,因此良好的煤层气形成和储集的地质环境是煤层气富集区形成的必要条件。经过20多年的发展,我国已初步形成了阜新、韩城和沁水等三个煤层气产区。结合国外煤层气目标评价的标准、参数和对我国煤层气高产富集重点地区的基本条件研究，初步确定了包括资源因素和开采条件的多个地质参数为我国的煤层气富集区的主控因素。

2.1.2 高丰度煤层气富集区的资源条件主控因素

煤层气富集区的资源条件可以由煤储层的含气量、资源面积和煤层的厚度共同决定。煤储层含气量多少的影响因素概括起来可以分为：地质构造、煤的变质程度、煤岩的组分和煤层的埋藏深度四个方面[52~60]。

构造因素直接或间接地控制着煤层气的生成、聚集、保存和富集的每个环节，是所有地质因素中最为重要和直接的控气因素。以沁水煤田南部为例，该区内的矿井开采资料及勘探施工分析都显示，在浅部和露头分布区煤储层的煤层气含量都很低，在煤层埋藏比较深的区域煤层气含量高。这种煤层气含量分布现象受构造控制的作用明显，如位于晋获褶皱断裂带西侧的潞安矿业(集团)和晋城无烟煤矿业集团的矿区内，由于次生断裂发育、煤层埋深较浅、地形复杂，切割也很强烈，不利于煤层气的保存和聚集。在晋东南山字形构造脊柱部位的南部，沁水县的永红煤矿煤层气含量就明显高于其他地区。不同类型的构造在形成过程中，其内部应力分布和构造应力场特征的差异都会影响到煤储层的含气性。未受断裂破坏和严重剥蚀的褶皱地区，因为构造的圈闭会导致煤层气沿煤储层向上运移，造成背斜顶部煤层气的相对聚集，因此煤层气含量较大。而在遭受了断裂构造破坏的地区，张扭性和张性的断裂通达地表起到了排放煤层气的作用，所以导致断层附近的煤层气含量减小；没有通达地表的掩伏式断裂则起到了封闭煤层气的作用，导致断裂附近煤层气含量值增加。

煤层在热演化变质过程中对煤层气生气和储气的控制作用，即煤阶控气作用，煤层含气量随着煤阶的增加呈现急剧增高到缓慢增高再到急剧增高然后急剧降低的阶段性演化过程。第一阶段终止于镜质组反射率为1.3%处附近，相当于褐煤至焦煤初级阶段，最大含气量随着煤阶增高而急剧增大，最大含气量在褐煤阶段不超过6 m^3/t，气煤阶段小于11 m^3/t，在肥煤阶段不大于15 m^3/t；第二阶段镜质组反射率介于1.3%～2.8%之间，包括焦煤、瘦煤、贫煤和无烟煤初级阶段，随煤阶增高最大含气量从18 m^3/t缓增至20 m^3/t左右；第三阶段为无烟煤早期阶段，镜质组反射率介于2.8%～3.5%之间，统计煤层最大含气量急剧增至25 m^3/t以上；第四阶段镜质组反射率大于3.5%，包括无烟煤的中-后阶段，最大含气量随煤阶增高而急剧下降，当镜质组反射率为5%左右时煤层气含量降至4 m^3/t以下，镜质组反射率大于7%的煤层中几乎没有甲烷存在。

煤层的埋藏深度对煤层气含量的影响体现为随着埋深增加，围岩渗透性降低，煤层气的运移变得困难，所以有利于煤层气的保存。

从煤层气生气的视角来考察煤层厚度和含气量之间的关系，它们具有正相关关系，煤层厚度越大生气母质越多，煤层含气量就越高。同时煤层气逸散的主要方式是扩散，而空间两点之间的浓度差是扩散的主要动力，根据质量平衡原理和费克定理建立的煤层甲烷扩散数学模型，在其他初始条件相似时，煤层厚度越大，达到中值浓度或扩散停止所需的时间就越长。煤储层本身就是一种高度致密的低渗透性岩层，上、下部分层对中部分层有强烈的封盖作用，煤储层厚度越大，中部分层中的煤层气向顶底板扩散的路径就越长，扩散阻力越大，对煤层气的保存越有利，这也是煤储层厚度与含气量之间具有正趋势的原因之一。

煤层气的资源量和资源丰度是表征煤层气数量大小的两个关键参数，也是煤层气富集高产的物质基础。煤层气资源量是一个宏观的概念，指的是以地下煤层为储集层且具有经济意义的煤层气富集体，是根据一定的地质和工程依据估算出的赋存于煤中的、当前或未来可能开采的具有现实经济意义的煤层气数量。资源丰度则是指单位面积的含气量，是煤层厚度和煤层含气量的综合反映，对于中、高煤阶的煤层气富集区来说煤层含气量和煤层厚度是煤层气富集区资源条件最重要的影响因素，因此本书将这两个因素作为高丰度煤层气富集区资源条件的主控因素。

2.1.3 高丰度煤层气富集区开采条件主控因素

煤储层的渗透性是反映煤层中气、水等流体的渗透性能的重要参数，决定着煤层气的运移和产出。煤层气的高产取决于影响煤层渗透性的诸多因素。渗透率是指流体在一定的压力差下通过岩石有效孔径的能力，它是煤层气开发中非常关键的一个因素，对煤层气的生产能力有着直接的影响。在其他条件相同的情况下，煤储层的渗透率越高则气产量也就越高；反之则煤层气的解吸率会越低，采气效果也会变差。因此在煤层气勘探开发选区的标准中要求渗透率不能太低，一般要求不能低于 $1\times10^{-3}\ \mu m^2$。现有资料表明我国的煤层气储层试井渗透率在 $0.002\times10^{-3}\sim16.17\times10^{-3}\ \mu m^2$ 之间变化，平均值为 $1.27\times10^{-3}\ \mu m^2$。其中渗透率小于 $0.1\times10^{-3}\ \mu m^2$ 的占 35%，大于 $1\times10^{-3}\ \mu m^2$ 的占 28%，处于这两者之间的为 37%[61]。而美国黑勇士盆地的煤层气储层绝对渗透率大多在 $1\times10^{-3}\sim25\times10^{-3}\ \mu m^2$ 之间，圣胡安盆地的部分高压区的煤层气储层的绝对渗透率也达到了 $5\times10^{-3}\sim15\times10^{-3}\ \mu m^2$[62]。相比可以看出，我国的含煤盆地煤层气储层的渗透率普遍偏低，但也存在一些渗透率较高的地区，因此寻找高渗透区是我国煤层气勘探开发的一个主要目标。

2.1.4 高丰度煤层气富集区地质评价技术指标体系

通过对高丰度煤层气富集区地质含义的定义，和对高丰度煤层气富集区影响因素的分析，本书将影响煤层气储层高效开采的主控因素归结为如图 2-1 所示的两大类三项指标。

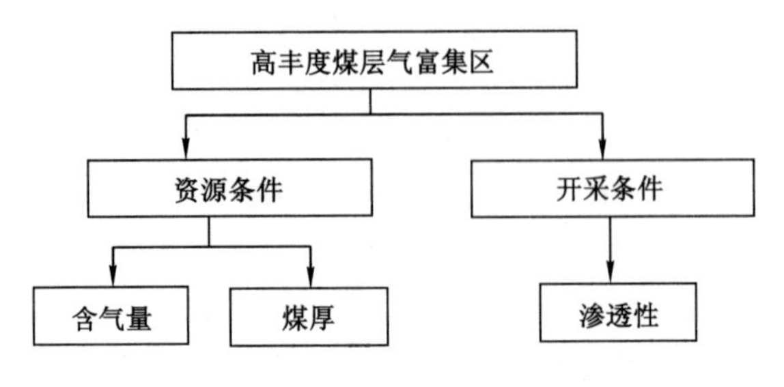

图 2-1 高丰度煤层气富集区主控因素

目前利用地震方法预测煤层厚度的技术已发展得比较成熟，因此本书对煤层厚度的地震预测方法不做详细介绍，仅对煤层气储层含气量的地震响应特征及储层渗透性的地震预测方法进行研究与探讨。

2.2 煤层含气量与弹性参数关系

煤层气在储层中处于吸附状态，在煤岩中甲烷以分子的状态吸附于煤裂缝的内表面，因此可以把煤层气认为是组成煤岩的矿物成分之一。在这种认识基础上，可以利用等效介质理论对甲烷和煤岩的弹性参数进行平均，获得煤层气储层的弹性模量[63]。

2.2.1 等效介质理论

等效介质理论的基本思想是使用由数学和物理方法抽象出的地质模型来尽可能地近似、等效实际的地质模型。大自然中的岩石是复杂的胶结物，由于数学计算和实际条件等原因，人们在研究弹性波在岩石中传播规律时，无法做到完全地模拟实际岩石的情况。利用等效介质理论可以尽可能地接近于实际地质模型[64,65]。

要预测矿物颗粒和孔隙中物质的混合物的等效弹性模量，一般需要知道：① 各构成成分的百分比(体积含量)；② 各构成成分的弹性模量值；③ 各种构成成分是如何相互结合在一起的集合细节。而在实际应用中，往往只知道构成物质的体积含量和各分量的体积模量，此时只能预测混合物弹性模量的上、下限(如图 2-2 所示)。

对于任意岩石给定各成分体积含量后，其等效体积模量将处于界限之内，但

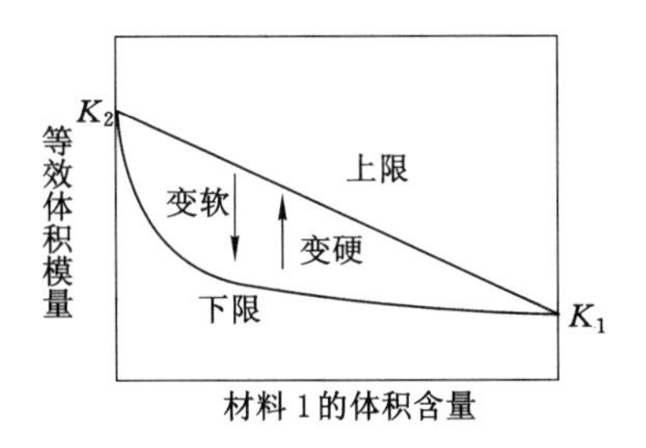

图 2-2 混合物的等效体积模量

其精确值将依赖于其几何细节。沃伊特(Voigt)和罗伊斯(Reuss)界限是最简单的可容许上、下界限,可以用于计算矿物和孔隙流体的混合物的上下限,或矿物颗粒混合物的平均矿物模量的大致范围。假设某岩石由 N 种成分组成,则该岩石的等效弹性模量的 Voigt 上限 $M_{上}$ 为:

$$M_{上} = \sum_{i=1}^{N} f_i M_i \tag{2.1}$$

式中 f_i——第 i 种矿物成分的体积含量;

M_i——第 i 种矿物成分的弹性模量。

Voigt 界限有时被称为等应变平均,因为它给出了当各构成成分假设有相等的应变时平均应力与平均应变的比。

等效弹性模量的 Reuss 下限 $M_{下}$ 为[66]:

$$\frac{1}{M_{下}} = \sum_{i=1}^{N} \frac{f_i}{M_i} \tag{2.2}$$

Reuss 界限有时被称为等应力平均,因为它给出了当各构成成分假设有相等的应力平均应力与平均应变的比。

Voigt-Reuss-Hill 平均是 Voigt 上限和 Reuss 下限的算术平均,这个平均值表示为:

$$M_{H} = \frac{M_{上} + M_{下}}{2} = \frac{1}{2}\left[\sum_{i=1}^{N} f_i M_i + \sum_{i=1}^{N} \frac{f_i}{M_i}\right] \tag{2.3}$$

在给定岩石的成分和各成分的体积含量时,如果需要估算的不是弹性模量值所容许的范围,而是具体的弹性模量值,则 Voigt-Reuss-Hill 平均最为有用。已有文献证明使用 Voigt-Reuss-Hill 平均估算的岩石的等效弹性模量是有用的,有时还可以较精确地估算岩石属性[67,68]。

2.2.2 煤层气储层岩石物理参数计算

利用 Voigt-Reuss-Hill 公式对煤岩与甲烷的弹性参数进行平均,计算煤层气储层的弹性参数随煤层气储层中甲烷的吸附量变化的变化。

设1 t煤中所含的煤层气体积为 $x(m^3/t)$，K_g 为吸附甲烷的体积模量(GPa)，K_c 为煤岩的体积模量(GPa)，则甲烷在煤层气储层中所占的体积含量百分比 f_g 为：

$$f_g = \frac{0.72x}{1\ 000}$$

式中0.72为常温、常压下甲烷的密度，单位为 kg/m^3。利用式(2.3)可以计算煤层气储层的体积模量为：

$$K = \frac{1}{2}\left\{[f_g K_g + (1-f_g)K_c] + \left(\frac{f_g}{K_g} + \frac{1-f_g}{K_c}\right)^{-1}\right\} \tag{2.4}$$

式中 K_g——甲烷的体积模量；

K_c——煤岩的体积模量；

f_g——甲烷的体积含量百分比。

煤层气储层的密度用式(2.5)计算：

$$\rho = f_g \rho_g + (1-f_g)\rho_c \tag{2.5}$$

甲烷的参数选用典型值：

$$K_g = 0.011\ \text{GPa} \quad \rho_g = 0.065\ \text{g/cm}^3$$

煤岩参数选用沁水煤田寺河煤矿煤样在实验室高围压与高轴压下测得的数据，测试仪器采样美国产 MTS815 岩石力学试验系统，围压 14 MPa、轴压 10 MPa，具体参数如下：

$$K_c = 5.21\ \text{GPa} \quad \rho_c = 1.478\ 8\ \text{g/cm}^3$$

根据式(2.4)和式(2.5)计算出的煤层气储层弹性参数及弹性参数变化率随甲烷含量变化的曲线如图 2-3 所示。

把式(2.4)和式(2.5)计算出的煤层气储层体积模量 K 和密度 ρ，代入弹性模量计算速度公式：

$$v_P = \sqrt{\frac{K + \frac{4}{3}\mu}{\rho}} \tag{2.6}$$

$$v_S = \sqrt{\frac{\mu}{\rho}}$$

式中 μ 为煤层气储层的剪切模量，$\mu=\rho v_S^2$，选用实验所测值 $\rho_c=1.478\ 8\ \text{g/cm}^3$，$v_S=1\ 239.33\ \text{m/s}$，则 $\mu=2.271\ 4\ \text{GPa}$。即可计算出煤层气等储层的地震波速度，煤层气储层地震波速度与煤层气含量变化关系如图 2-4 所示。

图 2-4 显示了煤层气储层速度与煤层气含量变化关系，从图中可以看出含气量的变化对储层纵波速度影响明显，当煤层气含量为 30 m^3/t 时，储层纵波速

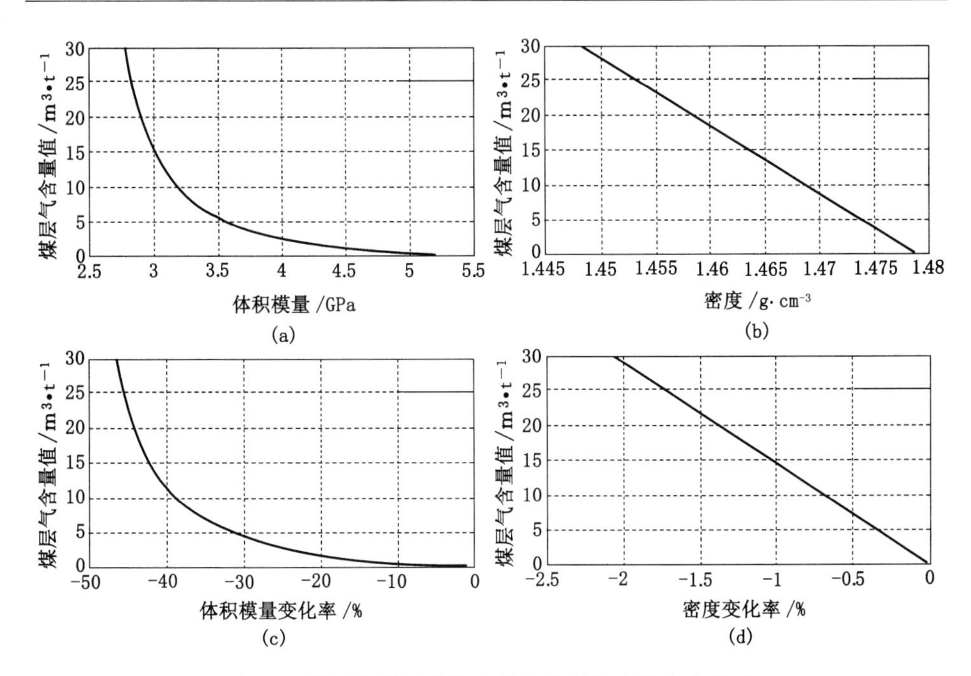

图 2-3 煤层气储层弹性参数与煤层气含量变化关系

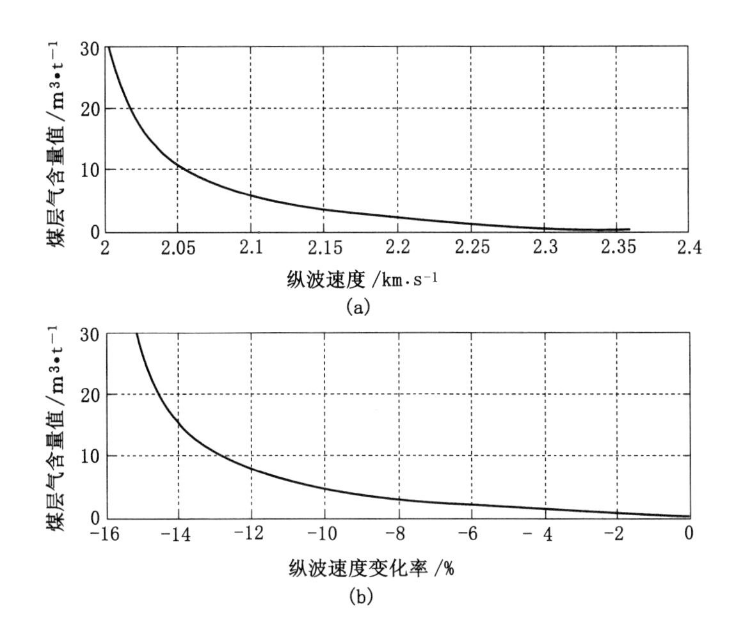

图 2-4 煤层气储层速度与煤层气含量变化关系

度下降了15.5%。这说明随着含气量的变化储层的弹性参数有明显变化,达到了地震可检测的程度。

2.3 煤层气含量与地震响应关系井下原位测试

煤与岩石相比,煤层具有更低的波速与物理力学性质特征,煤层本身是煤与煤层气的多相介质体,建立煤层气含量与速度、频率特征的关系有助于煤层气的勘探。由于煤层气含量的测定需要对煤体破碎,小尺度的煤样测试会带来大量误差,因此在实验方法上采用了实际尺度的原位测试方法,在不同煤层气含量的煤层上进行速度和频率的测试,来建立宏观煤层速度、频率特征与煤层气含量的关系。实验煤层选定瓦斯含量较高的安徽淮南矿区谢一矿、新庄孜矿、潘一矿和河南郑煤集团的大平矿,以及瓦斯含量较低的山东兖州的东滩矿、济三矿。

2.3.1 井下原位测试方法

利用新掘进工作面进行地震勘探,研究甲烷含量与地震波特性关系。按照巷道腰线方向进行线性观测系统布置,小偏移距观测(1~2倍煤厚),三分量(或单分量)接收、人工锤击激发,进行多次跟踪探测试验,井下工作方式如图2-5所示。记录地震探测波,提取地震波的频率、速度特性(图2-6、图2-7)。

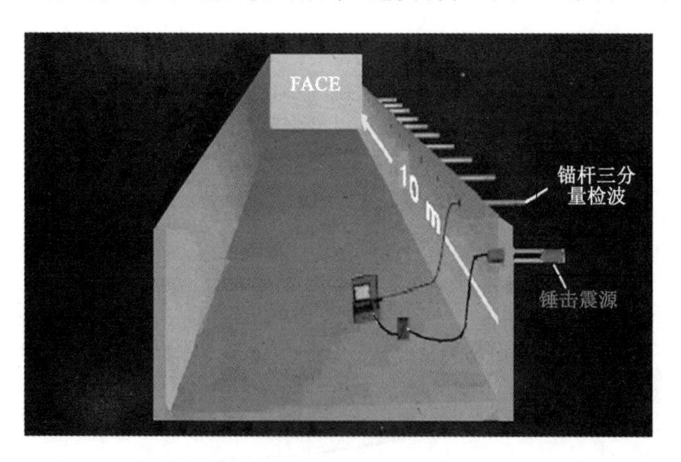

图2-5 原位测试工作方式

对测试煤层的煤层气含量与突出特征进行分析,并对采集的地震波数据进行处理,得到测试煤层的频谱特征、固有频率和煤层波速参数如表2-1所示(由于受围岩松动圈影响,实测波速数据都要偏低)[69]。

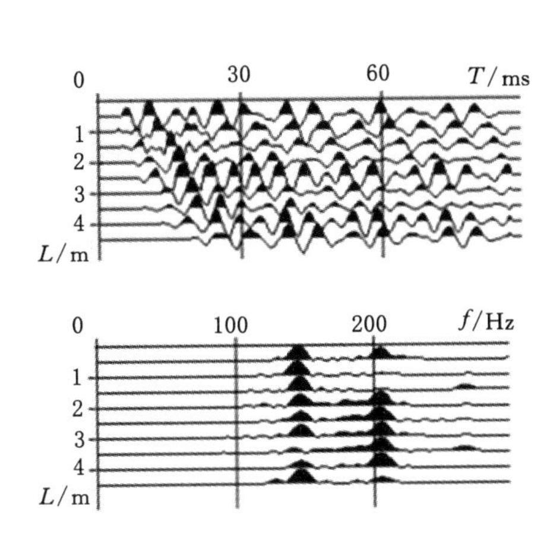

图 2-6 探测波形记录及其对应频谱特征

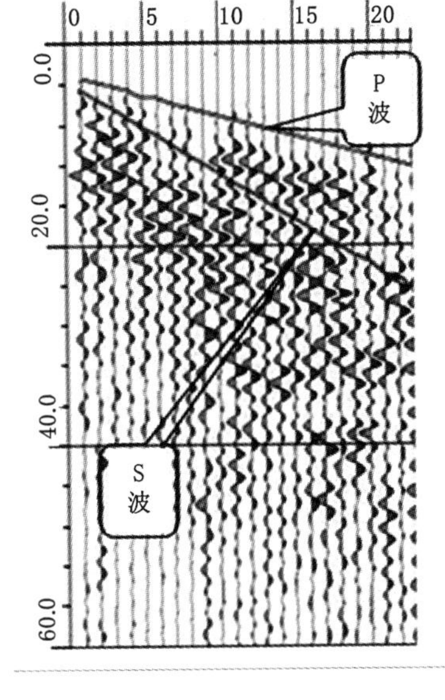

图 2-7 P、S 波识别

表 2-1 煤层波动力学参数与煤层气含量关系

煤层名称	纵波速度 v_P/ km·s^{-1}	横波速度 v_S/km·s^{-1}	频率 f/Hz	瓦斯含量 X/m^3·t^{-1}
淮南新庄孜矿 1 煤	0.7	0.32	205	7.32
淮南新庄孜矿 4 煤	0.82	0.46	268	6.67
淮南新庄孜矿 6 煤	1.02	0.51	200	
淮南新庄孜矿 7 煤	0.7	0.334	133	12.11
淮南新庄孜矿 8 煤	0.64	0.254	119	14.3
淮南新庄孜矿 11 煤	0.55	0.24	137	13.73
淮南新庄孜矿 13 煤	0.62	0.26	207	10.27
郑煤大平矿 2(1)煤	0.69	0.31	69	13.59
兖矿集团东滩矿 3 煤	1.3	0.7	375	0.7

2.3.2 煤层气储层地震波主频与含气量关系

波谱是波动力学的重要参数，它既与震源和接收的性质有关，又依赖于传播介质的吸收性质，因此，对地震波进行频谱分析就能充分利用其所含的信息来研究其物理内涵。综合煤层气地质资料与实际探测试验结果，分析煤层地震波主频与煤层瓦斯含量的相关性，如图 2-8 所示。

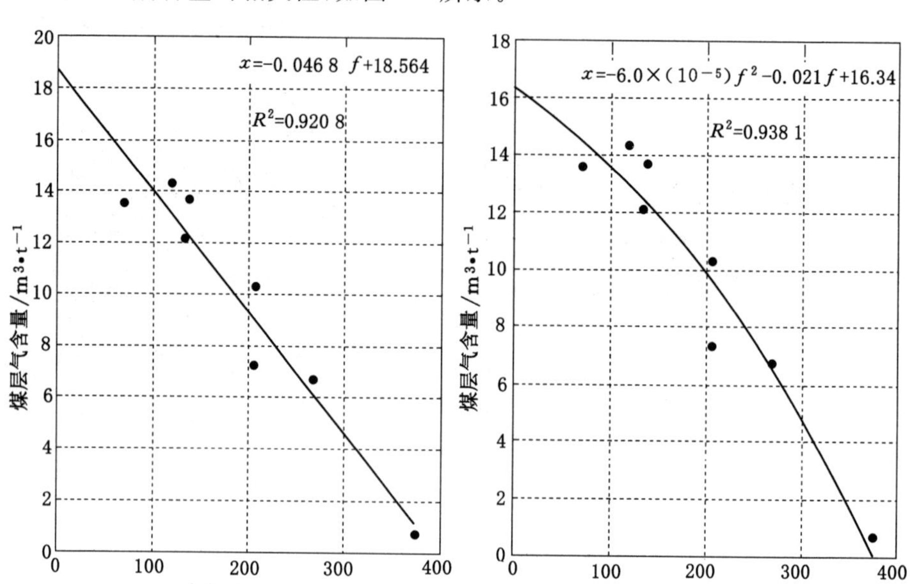

图 2-8　煤储层煤层气含量与煤层主频相关关系曲线

其线性相关性方程为：

$$X = -0.0468f + 18.654 \tag{2.7}$$

相关系数 R^2 为 0.920 8。

二次多项式相关方程为：

$$X = -6.0 \times 10^{-5} f^2 - 0.021f + 16.34 \tag{2.8}$$

相关系数 R^2 为 0.938 1。

煤体上进行的地震波探测试验表明，煤储层煤层气含量的大小可以通过地震波的波谱特征来衡量。

2.3.3　煤层气储层地震波速度与含气量关系

对表 2-1 中井下测试的煤层气含量值和地震纵波速度进行相关分析，可以看出煤层气含量值和地震纵波速度之间呈指数相关，相关方程为：

$$x = 175.24\mathrm{e}^{-4.167v_P} \tag{2.9}$$

相关系数为 0.941 4。

煤层气含量值和地震纵波速度相关关系曲线如图 2-9 所示，从图中可以看出随着煤层气含量值的增加，地震纵波传播速度呈对数关系降低。

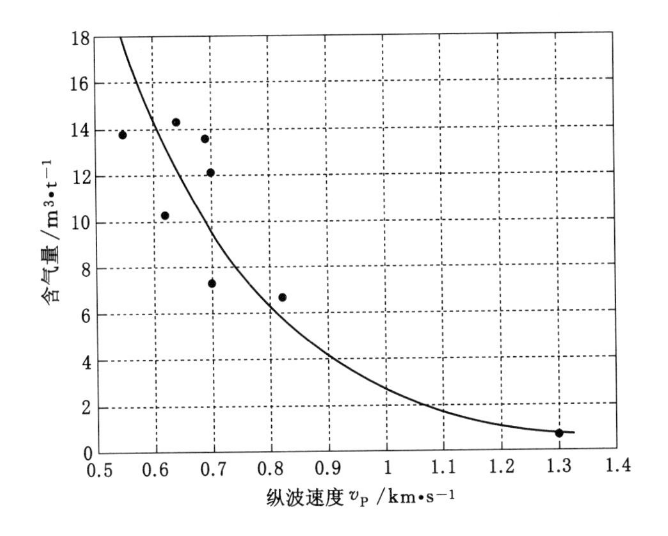

图 2-9 煤储层含气量与储层纵波速度关系曲线

煤层气储层含气量与地震响应井下原位测试表明，纵波速度、主频与含气量之间呈负相关关系。这一结果和采用等效介质理论利用计算岩石物理学方法获得的煤层气储层参数随煤层气含量变化关系一致，从而证明了利用等效介质理论来研究煤层气储层参数随煤层气含量变化关系的有效性，为建立煤层气储层地质模型提供了理论基础。

3 煤层气储层含气量地震正演模拟与地震属性优选

为进一步研究煤层气储层含气量的地震属性响应特征，本章根据煤层气储层含气量与储层弹性参数的关系建立煤层气储层的地震地质模型；采用有限差分算法正演模拟；提取地质模型正演记录的多个地震属性，通过地震属性对煤层气储层含气量变化的敏感性分析，优选出对煤层气储层含气量变化敏感的地震属性。

3.1 煤层气储层地震模型建立

地震正演是全面认识地震波在各介质中的传播特点、帮助解释观测数据并搞清地质构造的有效手段，可以为实际地震资料的解释提供理论基础和指导，是研究地质体的地震特征的重要方法。为研究煤层气储层含气量变化对地震属性响应的影响，本书根据式(2.4)、式(2.5)和式(2.6)分别计算了煤层气储层中含气量从 0 到 30 m^3/t 变化时储层的弹性参数，并以此为基础建立具有不同煤层气含量的煤层气储层地震模型。地震模型根据沁水煤田实际的煤层气地质情况而建立，模型共分为 5 层，第一层：砂岩，层厚 200 m，密度 2.8 g/cm^3，纵波速度 3 600 m/s，横波速度 2 400 m/s。第二层：砂质泥岩，层厚 16 m，密度 2.583 g/cm^3，纵波速度 4 049 m/s，横波速度 2 336 m/s。第三层：煤层气储层，层厚 6 m，密度、纵波速度和横波速度随煤层气含量值变化而变化。第四层：砂质泥岩，层厚 16 m，密度 2.583 g/cm^3，纵波速度 4 049 m/s，横波速度 2 336 m/s。第五层：砂岩，层厚 162 m，密度 2.8 g/cm^3，纵波速度 3 600 m/s，横波速度 2 400 m/s；模型长度设置为 1 000 m，模型示意图见图 3-1。

3.2 地震正演模拟

地震正演模拟的实现主要有射线追踪法和波动方程法两种。射线追踪法具有概念明确、运算简便、显示直观和适应性强等优点，但其应用具有一定的限制条件，计算结果在一定程度上是近似的，对奇点的处理也不方便；而且射线理论

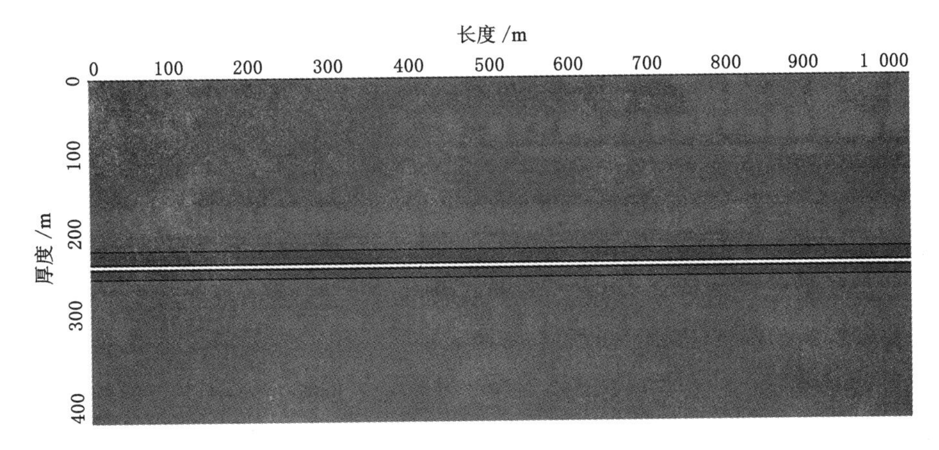

图 3-1 煤层气储层地质模型示意图

方法很难解决边缘绕射波场的精确计算问题。波动方程数值模拟方法的实质是求解地震波波动方程，模拟的地震波场包含地震波传播的所有信息，可为研究地震波的传播机理及复杂地层的解释提供更多的佐证，因此波动方程数值模拟方法一直在地震正演模拟中占有重要地位[70,71]。

常用的波动方程数值模拟方法包括有限差分法、边界元法、有限元法、伪谱法和反射率法、克希霍夫积分法等[72,73]。其中有限差分法具有算法简单、模拟精度高和计算效率高的优点，得到了广泛的应用。本书采用有限差分方法进行正演模拟，下面对有限差分的有关知识做简单的介绍。

3.2.1 交错网格有限差分

对波动方程的数值模拟中，交错网格有限差分法是一种先进的差分格式，经常使用的是一阶应力-速度弹性波方程。该方程的优点主要是不用对弹性常数进行空间微分，相对简单一些[74,75]。

3.2.1.1 时间 2*M* 阶差分近似格式

在对一阶应力-速度方程使用交错网格法进行求解时，分别对 $t+\frac{\Delta t}{2}$ 和 t 时刻对速度和应力进行计算的。对于位移速度用泰勒（Taylor）公式将 $V_x\left(t+\frac{\Delta t}{2}\right)$ 和 $V_x\left(t-\frac{\Delta t}{2}\right)$ 在 t 处展开为：

$$
\begin{aligned}
V_x\left(t+\frac{\Delta t}{2}\right) &= V_x(t)+\frac{\partial V_x}{\partial t}\frac{\Delta t}{2}+\frac{1}{2!}\frac{\partial^2 V_x}{\partial t^2}\left(\frac{\Delta t}{2}\right)^2+\cdots \\
&\quad +\frac{1}{m!}\frac{\partial^m V_x}{\partial t^m}\left(\frac{\Delta t}{2}\right)^m+O(\Delta t^m)
\end{aligned}
\tag{3.1}
$$

$$V_x\left(t-\frac{\Delta t}{2}\right)=V_x(t)-\frac{\partial V_x}{\partial t}\frac{\Delta t}{2}+\frac{1}{2!}\frac{\partial^2 V_x}{\partial t^2}\left(\frac{\Delta t}{2}\right)^2+\cdots+\frac{1}{m!}\frac{\partial^m V_x}{\partial t^m}\left(-\frac{\Delta t}{2}\right)^m+O(\Delta t^m) \tag{3.2}$$

式中，Δt 为采样时间步长，式(3.1)和式(3.2)相减即可得到 $2M$ 阶精度的位移速度差分近似，即

$$V_x\left(t+\frac{\Delta t}{2}\right)=V_x\left(t-\frac{\Delta t}{2}\right)+2\sum_{m=1}^{M}\frac{1}{(2m-1)!}\left(\frac{\Delta t}{2}\right)\frac{\partial^{2m-1}V_x}{\partial t^{2m-1}}+O(\Delta t^{2m}) \tag{3.3}$$

当 $M=1$ 时，二阶时间有限差分格式如下：

$$\begin{cases} V_x\left(t+\frac{\Delta t}{2}\right)=V_x\left(t-\frac{\Delta t}{2}\right)+\frac{\Delta t}{\rho}\left(\frac{\partial \tau_{xx}}{\partial x}+\frac{\partial \tau_{xz}}{\partial z}\right) \\ V_z\left(t+\frac{\Delta t}{2}\right)=V_z\left(t-\frac{\Delta t}{2}\right)+\frac{\Delta t}{\rho}\left(\frac{\partial \tau_{xz}}{\partial z}+\frac{\partial \tau_{zz}}{\partial x}\right) \end{cases} \tag{3.4}$$

同理可以推导出应力变量的二阶时间差分近似式为：

$$\begin{cases} \tau_{xx}\left(t+\frac{\Delta t}{2}\right)=\tau_{xx}\left(t-\frac{\Delta t}{2}\right)+\Delta t\left(c_{11}\frac{\partial V_x}{\partial x}+c_{13}\frac{\partial \tau_{xz}}{\partial z}\right) \\ \tau_{zz}\left(t+\frac{\Delta t}{2}\right)=\tau_{zz}\left(t-\frac{\Delta t}{2}\right)+\Delta t\left(c_{13}\frac{\partial V_x}{\partial x}+c_{33}\frac{\partial \tau_{xz}}{\partial z}\right) \\ \tau_{xz}\left(t+\frac{\Delta t}{2}\right)=\tau_{xz}\left(t-\frac{\Delta t}{2}\right)+\Delta t\left(c_{44}\frac{\partial V_x}{\partial x}+c_{44}\frac{\partial \tau_{xz}}{\partial z}\right) \end{cases} \tag{3.5}$$

3.2.1.2 空间 2N 阶差分近似格式

在交错网格差分计算中，对于$\frac{\partial \sigma_{xx}}{\partial x}$，$\frac{\partial \sigma_{xz}}{\partial z}$，$\frac{\partial V_z}{\partial x}$，$\frac{\partial V_z}{\partial z}$是在相应的空间变量网格点之间的半程上计算的，而对于$\frac{\partial \sigma_{zz}}{\partial z}$，$\frac{\partial \sigma_{xz}}{\partial x}$，$\frac{\partial V_z}{\partial x}$，$\frac{\partial V_x}{\partial z}$是在相应的空间变量的网格点上计算的。下面来推导它们在空间上的高阶差分近似。

对于在空间变量网格点之间半程上计算的空间导数，例如$\frac{\partial \sigma_{xx}}{\partial x}$，将 $\sigma_{xx}\left[x+\frac{\Delta x}{2}(2n-1)\right]$和 $\sigma_{xx}\left[x-\frac{\Delta x}{2}(2n-1)\right]$在 x 处用 Taylor 公式展开：

$$
\begin{cases}
\sigma_{xx}\left(x+\frac{1}{2}\Delta x\right)=\sigma_{xx}(x)+\frac{\partial\sigma_{xx}}{\partial x}\frac{\Delta x}{2}+\frac{1}{2!}\frac{\partial^2\sigma_{xx}}{\partial x^2}\left(\frac{\Delta x}{2}\right)^2+\frac{1}{3!}\frac{\partial^3\sigma_{xx}}{\partial x^3}\left(\frac{\Delta x}{2}\right)^3+\cdots \\
\qquad +\frac{1}{(2N)!}\frac{\partial^{2N}\sigma_{xx}}{\partial x^{2N}}\left(\frac{\Delta x}{2}\right)^{2N} \\
\sigma_{xx}\left(x-\frac{1}{2}\Delta x\right)=\sigma_{xx}(x)-\frac{\partial\sigma_{xx}}{\partial x}\frac{\Delta x}{2}+\frac{1}{2!}\frac{\partial^2\sigma_{xx}}{\partial x^2}\left(\frac{\Delta x}{2}\right)^2-\frac{1}{3!}\frac{\partial^3\sigma_{xx}}{\partial x^3}\left(\frac{\Delta x}{2}\right)^3+\cdots \\
\qquad +\frac{1}{(2N)!}\frac{\partial^{2N}\sigma_{xx}}{\partial x^{2N}}\left(\frac{\Delta x}{2}\right)^{2N} \\
\sigma_{xx}\left(x+\frac{3}{2}\Delta x\right)=\sigma_{xx}(x)+\frac{\partial\sigma_{xx}}{\partial x}\frac{3\Delta x}{2}+\frac{1}{2!}\frac{\partial^2\sigma_{xx}}{\partial x^2}\left(\frac{3\Delta x}{2}\right)^2+\frac{1}{3!}\frac{\partial^3\sigma_{xx}}{\partial x^3}\left(\frac{3\Delta x}{2}\right)^3+\cdots \\
\qquad +\frac{1}{(2N)!}\frac{\partial^{2N}\sigma_{xx}}{\partial x^{2N}}\left(\frac{3\Delta x}{2}\right)^{2N} \\
\sigma_{xx}\left(x-\frac{3}{2}\Delta x\right)=\sigma_{xx}(x)-\frac{\partial\sigma_{xx}}{\partial x}\frac{3\Delta x}{2}+\frac{1}{2!}\frac{\partial^2\sigma_{xx}}{\partial x^2}\left(\frac{3\Delta x}{2}\right)^2-\frac{1}{3!}\frac{\partial^3\sigma_{xx}}{\partial x^3}\left(\frac{3\Delta x}{2}\right)^3+\cdots \\
\qquad +\frac{1}{(2N)!}\frac{\partial^{2N}\sigma_{xx}}{\partial x^{2N}}\left(\frac{3\Delta x}{2}\right)^{2N} \\
\sigma_{xx}\left(x+\frac{2N-1}{2}\Delta x\right)=\sigma_{xx}(x)+\frac{\partial\sigma_{xx}}{\partial x}\frac{2N-1}{2}\Delta x+\frac{1}{2!}\frac{\partial^2\sigma_{xx}}{\partial x^2}\left(\frac{2N-1}{2}\Delta x\right)^2+ \\
\qquad \frac{1}{3!}\frac{\partial^3\sigma_{xx}}{\partial x^3}\left(\frac{2N-1}{2}\Delta x\right)^3+\cdots+\frac{1}{(2N)!}\frac{\partial^{2N}\sigma_{xx}}{\partial x^{2N}}\left(\frac{2N-1}{2}\Delta x\right)^{2N} \\
\sigma_{xx}\left(x-\frac{2N-1}{2}\Delta x\right)=\sigma_{xx}(x)+\frac{\partial\sigma_{xx}}{\partial x}\frac{2N-1}{2}\Delta x+\frac{1}{2!}\frac{\partial^2\sigma_{xx}}{\partial x^2}\left(\frac{2N-1}{2}\Delta x\right)^2- \\
\qquad \frac{1}{3!}\frac{\partial^3\sigma_{xx}}{\partial x^3}\left(\frac{2N-1}{2}\Delta x\right)^3+\cdots+\frac{1}{(2N)!}\frac{\partial^{2N}\sigma_{xx}}{\partial x^{2N}}\left(\frac{2N-1}{2}\Delta x\right)^{2N}
\end{cases}
$$

将上述方程进行一定的组合并求和

$$
\sum_{n=1}^{N}C_n\left\{\sigma_{xx}\left[x+\frac{\Delta x}{2}(2n-1)\right]-\sigma_{xx}\left[x-\frac{\Delta x}{2}(2n-1)\right]\right\}
$$

$$
=(C_1+3C_2+5C_3+\cdots+(2N-1)C_N)\frac{\partial\sigma_{xx}}{\partial x}\Delta x+
$$

$$
\frac{2}{3!}\left\{\left(\frac{1}{2}\right)^3C_1+\left(\frac{3}{2}\right)^3C_2+\left(\frac{5}{2}\right)^3C_3+\cdots+\left(\frac{2N-1}{2}\right)^3C_N\right\}\frac{\partial^3\sigma_{xx}}{\partial x^3}\Delta x^3+
$$

$$
\frac{2}{5!}\left\{\left(\frac{1}{2}\right)^5C_1+\left(\frac{3}{2}\right)^5C_2+\left(\frac{5}{2}\right)^5C_3+\cdots+\left(\frac{2N-1}{2}\right)^5C_N\right\}\frac{\partial^5\sigma_{xx}}{\partial x^5}\Delta x^5+\cdots
$$

$$
+\frac{2}{(2N-1)!}\left\{\left(\frac{1}{2}\right)^{2N-1}C_1+\left(\frac{3}{2}\right)^{2N-1}C_2+\left(\frac{5}{2}\right)^{2N-1}C_3+\cdots+\left(\frac{2N-1}{2}\right)^{2N-1}C_N\right\}
$$

$$
\frac{\partial^{2N-1}\sigma_{xx}}{\partial x^{2N-1}}\Delta x^{2N-1} \tag{3.6}
$$

将上式只保留$\frac{\partial \sigma_{xx}}{\partial x}$项，系数为 1，其余各项系数都为 0，可以得到如下方程组求解待定系数

$$C_n: \begin{bmatrix} 1 & 3 & 5 & \cdots & 2N-1 \\ 1^3 & 3^3 & 5^3 & \cdots & (2N-1)^3 \\ 1^5 & 3^5 & 5^5 & \cdots & (2N-1)^5 \\ \vdots & \vdots & \vdots & & \vdots \\ 1^{2N-1} & 3^{2N-1} & 5^{2N-1} & \cdots & (2N-1)^{2N-1} \end{bmatrix} \begin{bmatrix} C_1 \\ C_2 \\ C_3 \\ \vdots \\ C_N \end{bmatrix} = \begin{bmatrix} 1 \\ 0 \\ 0 \\ 0 \\ 0 \end{bmatrix} \quad (3.7)$$

就可以得到 σ_{xx} 对 x 的一阶导数的 $2N$ 阶差分近似

$$\frac{\partial \sigma_{xx}}{\partial x} = \frac{1}{\Delta x}\sum_{n=1}^{N} C_n \left\{\sigma_{xx}\left[x + \frac{\Delta x}{2}(2n-1)\right] - \sigma_{xx}\left[x - \frac{\Delta x}{2}(2n-1)\right]\right\} + O(\Delta x^{2N}) \quad (3.8)$$

$$H_{i,j+1/2}^{k+1} = H_{i,j+1/2}^{k} + \Delta t\left\{\frac{\mu_{i,j+1/2}}{\Delta z}\sum_{n=1}^{5} C_n \left[U_{i,j+n}^{k+1/2} - U_{i,j-(n-1)}^{k+1/2}\right] + \frac{\mu_{i,j+1/2}}{\Delta x}\sum_{n=1}^{5} C_n \left[V_{i+(2n-1)/2,j+1/2}^{k+1/2} - V_{i-(2n-1)/2,j+1/2}^{k+1/2}\right]\right\} \quad (3.9)$$

下面分别给出 2～10 阶精度时的差分权系数：

2 阶精度（$N=1$）：$C_1 = 1.00000000 \times 10^0$

4 阶精度（$N=2$）：$C_1 = 1.12500000 \times 10^0$，$C_2 = -4.16666667 \times 10^{-2}$

6 阶精度（$N=3$）：

$$\begin{cases} C_1 = 1.171875100 \times 10^0 \\ C_2 = -6.5104167 \times 10^{-2} \\ C_3 = 4.68750000 \times 10^{-3} \end{cases}$$

8 阶精度（$N=4$）：

$$\begin{cases} C_1 = 1.19628906 \times 10^0 \\ C_2 = -7.97526042 \times 10^{-2} \\ C_3 = 9.57031250 \times 10^{-3} \\ C_4 = -6.97544643 \times 10^{-4} \end{cases}$$

10 阶精度（$N=5$）：

$$\begin{cases} C_1 = 1.21124268 \times 10^0 \\ C_2 = -8.97216797 \times 10^{-2} \\ C_3 = 1.38427734 \times 10^{-2} \\ C_4 = -1.76565988 \times 10^{-3} \\ C_5 = 1.18679470 \times 10^{-4} \end{cases}$$

3.2.1.3　震源的处理[76]

如何选择和处理震源在波场数值模拟中是一个非常重要的问题，真实震源非常复杂，因此在进行数值模拟时找到一个理想的、离散化的模拟震源是一件很困难的事。在使用有限差分法进行波动方程的正演模拟时，震源项通常可以表示为震源时间函数和空间函数的乘积形式。本书使用格林公式推导波动方程有限差分格式来完成对震源项的处理。以二维声波方程为例：

$$\left(\nabla^2-\frac{1}{v^2(x,z)}\frac{\partial^2}{\partial t^2}\right)\mu(x,z,t)=s(t)\delta(x-x_0)\delta(z-z_0) \tag{3.10}$$

式中　$v(x,z)$——波速；

$\mu(x,z,t)$——波长(位移或压力)；

$s(t)$——震源；

δ——空间 δ 函数；

(x_0,z_0)——震源的坐标。

对研究区离散化，x 方向、z 方向和时间 t 的离散后分别以 i,j,k 表示，即

$$\begin{cases}\mu(x,z,t)=\mu(i,j,k)\\ v(x,z)=c(i,j)\\ s(t)=s(k)\end{cases}$$

离散后的网格示意图如图 3-2 所示，图中 A、B、C、D 的空间离散坐标分别可以表示为：$A\left(i-\frac{1}{2},j-\frac{1}{2}\right)$、$B\left(i+\frac{1}{2},j-\frac{1}{2}\right)$、$C\left(i+\frac{1}{2},j+\frac{1}{2}\right)$、$D\left(i-\frac{1}{2},j+\frac{1}{2}\right)$，用$\overparen{ABCDA}$表示以 A、B、C、D 为顶点的矩形，G 代表矩形内部区域。

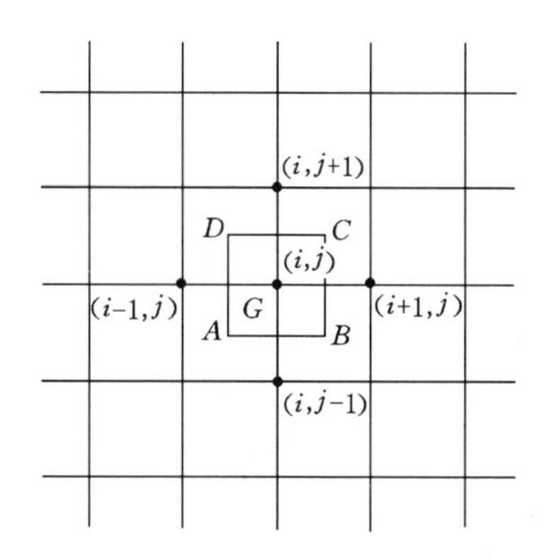

图 3-2　离散网格示意图

在矩形内部区域利用格林公式可以将式(3.10)的积分方程写成积分恒等式：

$$\iint_{\widehat{ABCDA}} \frac{\partial \mu}{\partial n} \mathrm{d}s = \iint_G \frac{1}{c^2(x,z)} \frac{\partial^2 \mu}{\partial t^2} \mathrm{d}x\mathrm{d}z + \iint_G s(t)\delta(x-x_0)\delta(z-z_0)\mathrm{d}x\mathrm{d}z \tag{3.11}$$

式中$\frac{\partial \mu}{\partial n}$表示$\mu$沿矩形$\widehat{ABCDA}$的外法向导数，使用中心差商可以表示为：

$$\begin{aligned}\iint_{\widehat{ABCDA}} \frac{\partial \mu}{\partial n} \mathrm{d}s = & \frac{(\mu_{i,j-1,k} - \mu_{i,j,k})h_1}{h_2} + \frac{(\mu_{i+1,j,k} - \mu_{i,j,k})h_2}{h_1} \\ & + \frac{(\mu_{i,j+1,k} - \mu_{i,j,k})h_1}{h_2} + \frac{(\mu_{i-1,j,k} - \mu_{i,j,k})h_2}{h_1}\end{aligned} \tag{3.12}$$

等式右边利用矩形公式和中心差分有：

$$\iint_G \frac{1}{c^2(x,z)} \frac{\partial^2 \mu}{\partial t^2} \mathrm{d}x\mathrm{d}z \approx \frac{h_1 h_2}{c^2(i,j)\Delta t^2}(\mu_{i,j,k+1} - 2\mu_{i,j,k} + \mu_{i,j,k-1}) \tag{3.13}$$

$$\iint_G s(t)\delta(x-x_0)\delta(z-z_0)\mathrm{d}x\mathrm{d}z = \begin{cases} s(k) & (x_0,z_0)\ \text{为震源点} \\ 0 & (x_0,z_0)\ \text{为非震源点} \end{cases} \tag{3.14}$$

式中Δt为时间离散步长。

定义$\delta_{i,j}$在(i,j)是震源时为1，否则为0，则式(3.10)的有限差分格式为：

$$\begin{aligned}\mu_{i,j,k+1} = & c^2(i,j)\Delta t^2 \left[\frac{\mu_{i,j-1,k} - 2\mu_{i,j,k} + \mu_{i,j+1,k}}{h_2^2} + \frac{\mu_{i-1,j,k} - 2\mu_{i,j,k} + \mu_{i+1,j,k}}{h_1^2}\right] \\ & + 2\mu_{i,j,k} - \mu_{i,j,k-1} + s(k)\delta_{i,j} \frac{c^2(i,j)\Delta t^2}{h_1 h_2}\end{aligned} \tag{3.15}$$

式(3.15)即为利用格林函数导出的震源离散化处理结果，它将震源项的离散形式表示为：

$$\frac{\delta(k)\delta_{i,j}}{h_1 h_2} \tag{3.16}$$

该离散形式在计算机上很容易实现。

子波就是震源随时间变化的函数，表征的物理意义是震源在时间上的延续特征，为获得地震波的高垂响分辨率，可以缩短子波的延续时间、拓宽子波的频带，从而提高地震勘探的分辨率。在采用有限差分方法进行数值模拟时，数值频散是影响模拟精度和稳定性的一个重要因素，地震子波中的高频成分对网格的尺寸非常敏感，当采用粗网格进行数值模拟时会产生非常严重的频散现象。因此在进行数值模拟之前必须根据模型的速度参数和网格间距来选取子波的主频，以获得稳定精确的模拟效果。本书在数值模拟中使用的地震子波为式(3.17)所示的雷克(Ricker)子波。

$$s(t) = [1 - 2(\pi f_0 t)^2]\exp[-(\pi f_0 t)^2] \tag{3.17}$$

式中 f_0 为 Ricker 子波主频。

Ricker 子波的相位为零可以达到分辨率的极限，本书进行正演模拟时使用的是如图 3-3 所示的主频为 60 Hz 的零相位 Ricker。

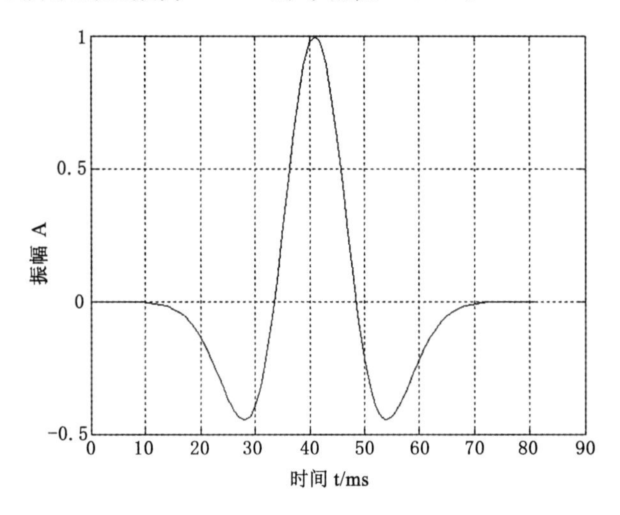

图 3-3　60 Hz 零相位 Ricker 子波

3.2.1.4　边界条件

在正演模拟的过程中边界的存在会产生对有效波场造成干扰的反射波。增大计算区域可以减小干扰波影响，但这样也会使计算量成倍增加。因此，在正演模拟时一般通过设置合适的吸收边界条件来减少边界反射的影响。本书在数值模拟过程中采用了最佳匹配层（PML，Perfectly Matched Layer）吸收边界条件，通过在数值模拟区域的四周设置具有一定厚度的吸收层来减少边界反射波的影响，如图 3-4 所示。

基于各向同性介质的一阶速度-应力弹性波方程 PML 吸收边界条件实现过程如下所述。

以 V_x 为例，可将 V_x 分解为 x 方向部分 V_x^x 和 z 方向部分 V_x^z

$$V_x = V_x^x + V_x^z \tag{3.18}$$

由此 $\rho \frac{\partial V_x}{\partial t} = \frac{\partial \sigma_{xx}}{\partial x} + \frac{\partial \sigma_{xz}}{\partial z}$ 可分解为

$$\frac{\partial V_x^x}{\partial t} = \frac{1}{\rho} \frac{\partial \sigma_{xx}}{\partial x} \tag{3.19}$$

$$\frac{\partial V_x^z}{\partial t} = \frac{1}{\rho} \frac{\partial \sigma_{xz}}{\partial z} \tag{3.20}$$

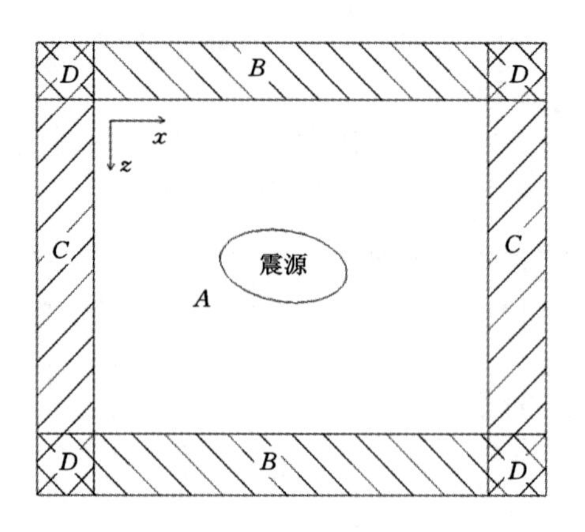

图 3-4　完全匹配层示意图

与之相对应的 PML 方程可写为

$$\frac{\partial V_x^x}{\partial t} + \mathrm{d}(x)V_x^x = \frac{1}{\rho}\frac{\partial \sigma_{xx}}{\partial x} \tag{3.21}$$

$$\frac{\partial V_x^z}{\partial t} + \mathrm{d}(z)V_x^z = \frac{1}{\rho}\frac{\partial \sigma_{xz}}{\partial z} \tag{3.22}$$

式中　$\mathrm{d}(x)$——x 方向衰减；

$\mathrm{d}(z)$——z 方向衰减。

采用科利诺(Collino)导出的衰减模型：

$$\mathrm{d}(x) = \frac{3V_{\max}}{2\delta}\log\left(\frac{1}{R}\right)\left(\frac{x}{\delta}\right)^2 \tag{3.23}$$

$$\mathrm{d}(z) = \frac{3V_{\max}}{2\delta}\log\left(\frac{1}{R}\right)\left(\frac{z}{\delta}\right)^2 \tag{3.24}$$

式中　$V_{\max}$——最大 P 波速度；

δ——匹配层的厚度；

R——理性状态下介质的反射系数。

$\mathrm{d}(x)$，$\mathrm{d}(z)$相当于两个滤波因子，它们不等于零时表示衰减，等于零时表示不衰减。同理，可以推导出各向同性介质弹性波其他方程的 PML 格式：

$$\begin{cases} V_z = V_z^z + V_z^x \\ \sigma_{zz} = \sigma_{zz}^x + \sigma_{zz}^z \\ \sigma_{xx} = \sigma_{xx}^x + \sigma_{xx}^z \\ \sigma_{xz} = \sigma_{xz}^x + \sigma_{xz}^z \end{cases} \tag{3.25}$$

$$
\begin{cases}
\dfrac{\partial V_z^x}{\partial t} + \mathrm{d}(x) V_z^x = \dfrac{1}{\rho}\,\dfrac{\partial \sigma_{xz}}{\partial x} \\
\dfrac{\partial \sigma_{zz}^x}{\partial t} + \mathrm{d}(x) \sigma_{zz}^x = \lambda\,\dfrac{\partial V_x}{\partial x} \\
\dfrac{\partial V_z^z}{\partial t} + \mathrm{d}(z) V_z^z = \dfrac{1}{\rho}\,\dfrac{\partial \sigma_{zz}}{\partial z} \\
\dfrac{\partial \sigma_{xz}^x}{\partial t} + \mathrm{d}(x) \sigma_{xz}^x = \mu\,\dfrac{\partial V_z}{\partial x} \\
\dfrac{\partial \sigma_{xx}^z}{\partial t} + \mathrm{d}(z) \sigma_{xx}^z = \lambda\,\dfrac{\partial V_z}{\partial z} \\
\dfrac{\partial \sigma_{xz}^z}{\partial t} + \mathrm{d}(z) \sigma_{xz}^z = \mu\,\dfrac{\partial V_x}{\partial z} \\
\dfrac{\partial \sigma_{zz}^z}{\partial t} + \mathrm{d}(z) \sigma_{zz}^z = (\lambda + 2\mu)\,\dfrac{\partial V_z}{\partial z} \\
\dfrac{\partial \sigma_{xx}^x}{\partial t} + \mathrm{d}(x) \sigma_{xx}^x = (\lambda + 2\mu)\,\dfrac{\partial V_x}{\partial x}
\end{cases}
\tag{3.26}
$$

使用高阶交错网格有限差分将 PML 方程离散化，有限差分格式见式(3.27)所示：

$$
\begin{cases}
(\sigma_{xx})_{i+1/2,j}^{k} = (\sigma_{xx}^{x})_{i+1/2,j}^{k} + (\sigma_{xx}^{z})_{i+1/2,j}^{k} \\
\dfrac{(\sigma_{xx}^{x})_{i+1/2,j}^{k+1} - (\sigma_{xx}^{x})_{i+1/2,j}^{k}}{\Delta t} + d_i\,\dfrac{(\sigma_{xx}^{x})_{i+1/2,j}^{k+1} + (\sigma_{xx}^{x})_{i+1/2,j}^{k}}{2} \\
= (\lambda + 2\mu)\,\dfrac{(V_x)_{i+1,j}^{k+1/2} - (V_x)_{i,j}^{k+1/2}}{\Delta x}\;\dfrac{(\sigma_{xx}^{z})_{i+1/2,j}^{k+1} - (\sigma_{xx}^{z})_{i+1/2,j}^{k}}{\Delta t} + \\
d_j\,\dfrac{(\sigma_{xx}^{z})_{i+1/2,j}^{k+1} + (\sigma_{xx}^{z})_{i+1/2,j}^{k}}{2} = \lambda\,\dfrac{(V_z)_{i+1/2,j+1/2}^{k+1/2} - (V_z)_{i+1/2,j-1/2}^{k+1/2}}{\Delta z} \\
(\sigma_{zz})_{i+1/2,j}^{k} = (\sigma_{zz}^{x})_{i+1/2,j}^{k} + (\sigma_{zz}^{z})_{i+1/2,j}^{k} \\
\dfrac{(\sigma_{zz}^{z})_{i+1/2,j}^{k+1} - (\sigma_{zz}^{z})_{i+1/2,j}^{k}}{\Delta t} + d_i\,\dfrac{(\sigma_{zz}^{x})_{i+1/2,j}^{k+1} + (\sigma_{zz}^{x})_{i+1/2,j}^{k}}{2} \\
= \lambda\,\dfrac{(V_x)_{i+1,j}^{k+1/2} - (V_x)_{i,j}^{k+1/2}}{\Delta x}\;\dfrac{(\sigma_{zz}^{z})_{i+1/2,j}^{k+1} - (\sigma_{zz}^{z})_{i+1/2,j}^{k}}{\Delta t} + \\
d_j\,\dfrac{(\sigma_{zz}^{z})_{i+1/2,j}^{k+1} + (\sigma_{zz}^{x})_{i+1/2,j}^{k}}{2} = (\lambda + 2\mu)\,\dfrac{(V_z)_{i+1/2,j+1/2}^{k+1/2} - (V_z)_{i+1/2,j-1/2}^{k+1/2}}{\Delta z} \\
(\sigma_{xz})_{i,j+1/2}^{k} = (\sigma_{xz}^{x})_{i,j+1/2}^{k} + (\sigma_{xz}^{z})_{i,j+1/2}^{k} \\
\dfrac{(\sigma_{xz}^{x})_{i,j+1/2}^{k+1} - (\sigma_{xz}^{x})_{i,j+1/2}^{k}}{\Delta t} + d_i\,\dfrac{(\sigma_{xz}^{x})_{i,j+1/2}^{k+1} + (\sigma_{xz}^{x})_{i,j+1/2}^{k}}{2} \\
= \mu\,\dfrac{(V_z)_{i+1/2,j+1/2}^{k+1/2} - (V_z)_{i-1/2,j+1/2}^{k+1/2}}{\Delta x}\;\dfrac{(\sigma_{xz}^{z})_{i,j+1/2}^{k+1} - (\sigma_{xz}^{z})_{i,j+1/2}^{k}}{\Delta t} +
\end{cases}
\tag{3.27}
$$

$$
\left\{
\begin{aligned}
& d_j \frac{(\sigma_{xz}^z)_{i,j+1/2}^{k+1} + (\sigma_{xz}^x)_{i,j+1/2}^{k}}{2} = \mu \frac{(V_x)_{i,j+1}^{k+1/2} - (V_z)_{i,j}^{k+1/2}}{\Delta z} \\
& (V_x)_{i,j}^{k+1/2} = (V_x^x)_{i,j}^{k+1/2} + (V_x^z)_{i,j}^{k+1/2} \\
& \frac{(V_x^x)_{i,j}^{k+1/2} - (V_x^x)_{i,j}^{k+1/2}}{\Delta t} + d_i \frac{(V_x^x)_{i,j}^{k+1/2} + (V_x^x)_{i,j}^{k-1/2}}{2} \\
& = \frac{1}{\rho} \frac{(\sigma_{xx})_{i+1/2,j}^{k} - (\sigma_{xx})_{i-1/2,j}^{k}}{\Delta x} \frac{(V_x^z)_{i,j}^{k+1/2} - (V_x^z)_{i,j}^{k+1/2}}{\Delta t} + d_j \frac{(V_x^z)_{i,j}^{k+1/2} + (V_x^z)_{i,j}^{k-1/2}}{2} \\
& = \frac{1}{\rho} \frac{(\sigma_{xz})_{i,j+1/2}^{k} - (\sigma_{xz})_{i,j-1/2}^{k}}{\Delta z} \\
& (V_z)_{i+1/2,j+1/2}^{k+1/2} = (V_z^x)_{i+1/2,j+1/2}^{k+1/2} + (V_z^z)_{i+1/2,j+1/2}^{k+1/2} \\
& \frac{(V_z^x)_{i+1/2,j+1/2}^{k+1/2} - (V_z^x)_{i+1/2,j+1/2}^{k+1/2}}{\Delta t} + d_i \frac{(V_z^x)_{i+1/2,j+1/2}^{k+1/2} + (V_x^x)_{i+1/2,j+1/2}^{k-1/2}}{2} \\
& = \frac{1}{\rho} \frac{(\sigma_{xz})_{i+1/2,j+1/2}^{k} - (\sigma_{xx})_{i,j/1+2}^{k}}{\Delta x} \frac{(V_z^z)_{i+1/2,j+1/2}^{k+1/2} - (V_z^z)_{i+1/2,j+1/2}^{k+1/2}}{\Delta t} + \\
& d_j \frac{(V_z^z)_{i+1/2,j+1/2}^{k+1/2} + (V_z^z)_{i+1/2,j+1/2}^{k-1/2}}{2} = \frac{1}{\rho} \frac{(\sigma_{zz})_{i+1/2,j+1}^{k} - (\sigma_{zz})_{i+1/2,j}^{k}}{\Delta z}
\end{aligned}
\right.
$$

(续 3.27)

3.2.1.5 数值稳定性

网格比 $\lambda=\Delta t/\Delta x$ 是在数值模拟过程中影响算法稳定性的主要因素。本书中采用董良国提出的有限差分方法稳定性条件：

$$
\Delta t v_{\mathrm{P}} \sqrt{\frac{1}{\Delta x^2} + \frac{1}{\Delta z^2}} \leqslant 1 \Big/ \sum_{k=1}^{N} \left| C_k^{(N)} \right| \tag{3.28}
$$

式中 N——有限差分算法的空间阶数；

Δt——时间步长；

$C_k^{(N)}$——交错网格有限差分系数。

在实际应用中，先根据地震波速度和震源的主频值确定空间网格大小，然后再根据稳定性条件要求的网格比来确定时间步长大小，以此来保证计算的精度和压制频散。

3.2.2 煤层气储层地震正演响应

对 3.1 节中列出的地震地质模型，使用有限差分法进行正演，网格大小选择为 0.177 m×0.177 m，地震子波选取主频为 60 Hz 的零相位雷克子波，观测系统采用端点爆破 6 次覆盖，具体参数设置如下：

炮数：40

道数：36

炮间距：30 m

道间距：10 m

采样率：1 ms

记录长度：0.2 s

最小偏移距：10 m

最大偏移距：370 m

对正演所获得的单炮记录处理后可以得到叠后时间剖面，剖面中满覆盖次数为 6 次，所获得的部分叠后时间剖面（满覆盖区）如图 3-5 所示。

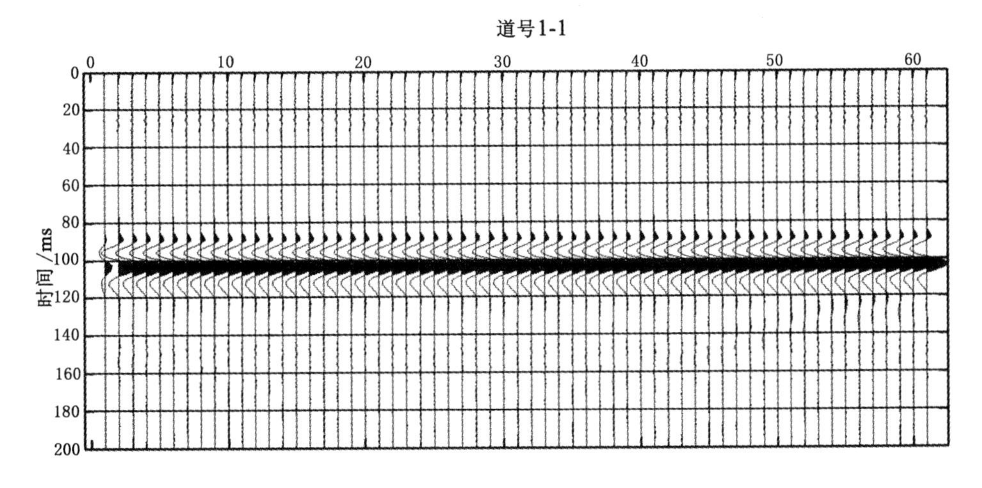

图 3-5　部分模型正演叠后剖面图

3.3　地震属性提取

地震属性指的是那些由叠前、叠后的地震数据经过一定的数学变换而导出的有关于地震波的运动学、几何学形态、动力学和统计学等特征量[80,81]。

3.3.1　地震属性的分类及其物理意义

地震属性种类很多，根据不同的需要可以有不同的分类结果，本书根据使用需要将地震属性分为振幅统计类、复地震道统计类、谱统计类、层序统计类和相关统计类等五大类。

3.3.1.1　振幅统计类

振幅统计类属性属于地震波动力学类的地震属性，其中“亮点”技术就是振幅类属性的成功应用。在地层中含有油、气的时候，地震剖面上地震振幅会发生突变，利用反射波振幅可以提取包括绝对振幅、均方根振幅、最大谷值振幅、最大峰值振幅、绝对振幅能量、平均能量、振幅总量、能量总体、平均反射强度、平均振幅等多种地震属性，这些属性可以从不同的侧面反映储层的油、气性。振幅类属性能够反映地层中的上、下界面的波阻抗差异和地层厚度，同时对储层的孔隙度和孔隙中的流体成分变化也会有所体现。

3.3.1.2 复地震道统计类

复地震道属性指的是通过复地震道分析在地震波到达的位置上提取的瞬时地震属性。复地震道属性可以帮助分析气体和流体的特征，反映岩性、地层层序变化、不整合面、断层、储层裂隙、调谐效应及流体的变化。复地震道属性主要包括平均瞬时频率、平均瞬时相位 、反射强度斜率、平均反射强度、轴中心频率、轴中心振幅、轴中心相位和目的层时窗起止点瞬时振幅变化等多种属性。

3.3.1.3 频谱统计类

地震波的频率成分主要是由震源脉冲的带宽和地层介质的吸收特性两者共同决定的，因此包括地层含流体变化、地层厚度或地层横向上的变化在内的很多因素都会引起地震频率的变化。当地震波通过一个含有油、气的地层后，地震波的主频会有明显降低，因此地震波的频率是反映油、气的一个重要标志。同时地震波的频率属性还可以反映地层岩性、地层厚度的变化，也可用于识别地层特征、岩相变化等。频谱统计类属性主要包括频带带宽、主频、主频振幅、宽频带能量、有效段平均频率、主频带能量等多种地震属性。

3.3.1.4 层序统计类

层序统计类地震属性包括有能量半衰时、正负样点比例、波峰数和波谷数等多种属性，可以用于识别岩性地层的变化、含油气性、突出某种振幅异常和刻画地层层序特征等。

3.3.1.5 相关统计类

相关统计类属性主要为平均信噪比、相关分量和相关长度等，其主要的地质意义是可以帮助识别断层、数据品质、尖灭和杂乱反射等。

3.3.2 地震属性提取

本书中提取的属性均为沿层地震叠后属性，在提取属性之前需要拾取层位，然后以层位为中心开分析时窗，时窗的大小根据实际需要选择，一般控制在层位上、下 15 ms 左右。

3.3.2.1 振幅类属性提取

从图 3-6 所示的波形函数中提取各种振幅属性参数：

(1) 波峰、波谷振幅。

(2) 最大振幅:时窗内每一道的最大值。

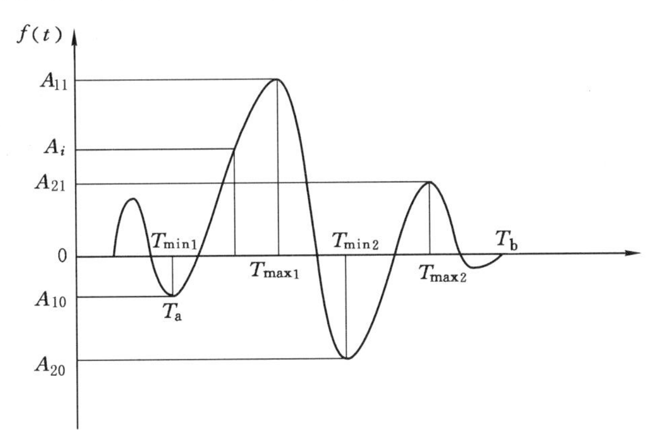

图 3-6 地震波振幅属性参数示意图

(3) 时域平均能量:

$$\mathrm{AT}(i) = \frac{\sum_{t=t_1}^{t_2} A_j^2(t)}{T_{\mathrm{L}}} \tag{3.29}$$

式中 $\mathrm{AT}(i)$——第 i 道波形在时窗内的平均时域能量;

$A_j(t)$——瞬间振幅采样值。

(4) 均方根振幅:

$$\mathrm{RMS} = \sqrt{\frac{1}{N}\sum_{i=1}^{N} A_i^2} \tag{3.30}$$

式中 N——时窗内采样点个数;

A_i——第 i 个采样点振幅。

(5) 平均绝对振幅:

$$\overline{A} = \frac{\sum_{i=1}^{N} |A_i|}{N} \tag{3.31}$$

图 3-7 显示了正演模型归一化后的部分振幅属性,从图中可以看出随着煤层气含量值的增加,地震振幅属性均呈增大趋势,这是因为随着煤层气含量值的增加,储层密度和速度都在降低,煤储层和顶、底板的波阻抗差在增大,因此反射系数会增大。

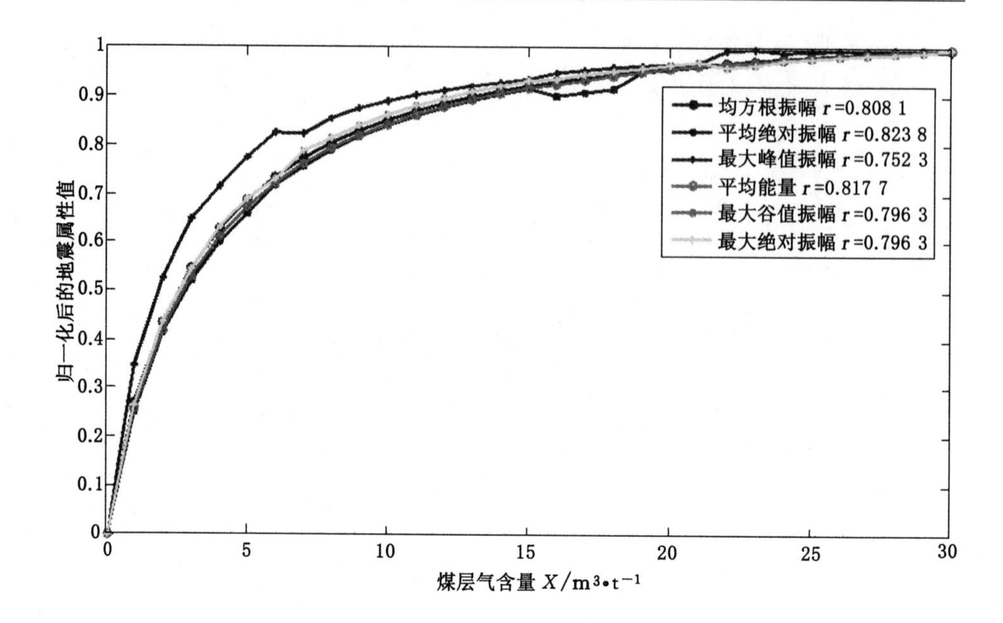

图 3-7 振幅属性与煤层气含量关系

3.3.2.2 复地震道类属性提取[82,83]

提取复地震道属性首先要构建复地震道：

$$z(t) = x(t) + j\tilde{x}(t) \tag{3.32}$$

式中 $z(t)$——构建的复地震道；

$x(t)$——地震记录；

$\tilde{x}(t)$——地震记录的希尔伯特变换。

(1) 平均瞬时相位：

$$\theta(t) = \arctan\frac{\tilde{x}(t)}{x(t)} \tag{3.33}$$

(2) 平均瞬时频率：

$$\mu(t) = \frac{\mathrm{d}\theta(t)}{\mathrm{d}t} \tag{3.34}$$

(3) 瞬时频率斜率：在研究时窗内对反射强度做回归分析，拟合其变化曲线，即为瞬时频率斜率值。

(4) 轴中心振幅：从瞬时振幅剖面中拾取的轴振幅值。

(5) 轴中心频率：从瞬时频率剖面中拾取的轴频率值。

(6) 瞬时振幅变化：

$$\Delta A(t) = A(t_2) - A(t_1) \tag{3.35}$$

式中 t_1 和 t_2 分别为时窗的起点和终点时刻，$A(t_1)$和 $A(t_2)$为 t_1 和 t_2 时刻的瞬时振幅值。

图 3-8 中显示了煤层气储层地质模型正演地震响应的复地震道统计类地震属性，从图中可以看出复地震道统计类地震属性和煤层气含量值关系较为复杂，瞬时频率、瞬时相位和平均瞬时频率随煤层气含量值的增加有减小的趋势，而平均瞬时相位、瞬时振幅和瞬时振幅变化则随着煤层气含量值的增加总体呈增大趋势。

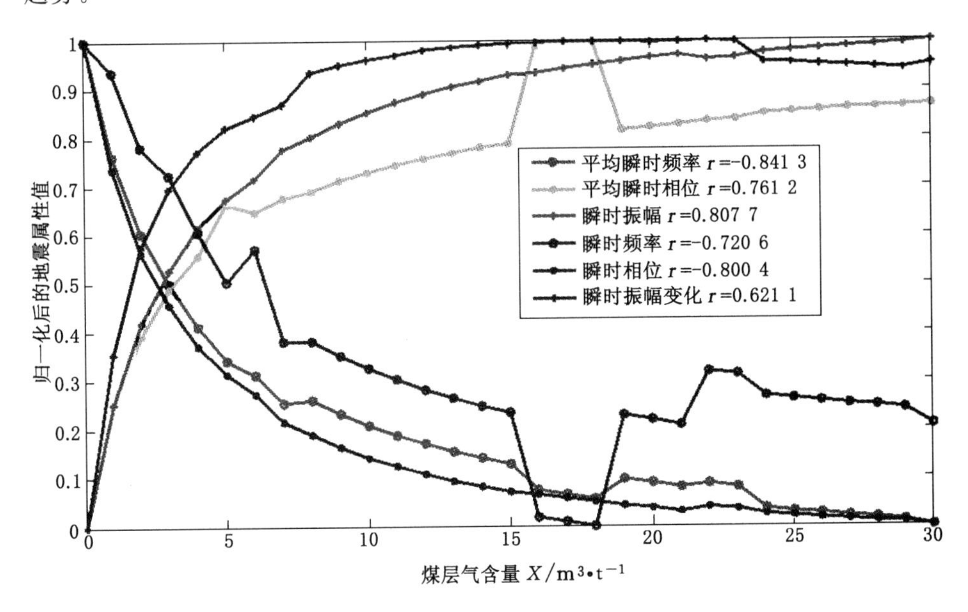

图 3-8 复地震道属性与煤层气含量关系

3.3.2.3 频谱统计类地震属性提取

(1) 主频：主频也称为峰值频率 $FM(i)$，它是振幅谱曲线 $A_i(f)$的极大值处对应的频率。如图 3-9 所示，图形的主频即为 70 Hz。

(2) 宽频带总能量：如图 3-9 所示，把拾取的反射时间作为中心，选取一时窗，对地震信息做傅里叶变换得到对应的频谱。然后在频带[WL,WH]范围内对能量求和。宽频带总能量 $QFW(i)$表示为：

$$QFW(i) = \sum_{f=WL}^{WH} A_i^2(f) \tag{3.36}$$

实际应用中应根据具体需要来选择参数 WL 和 WH，原则上以把不需要的频率成分排除在外为标准。

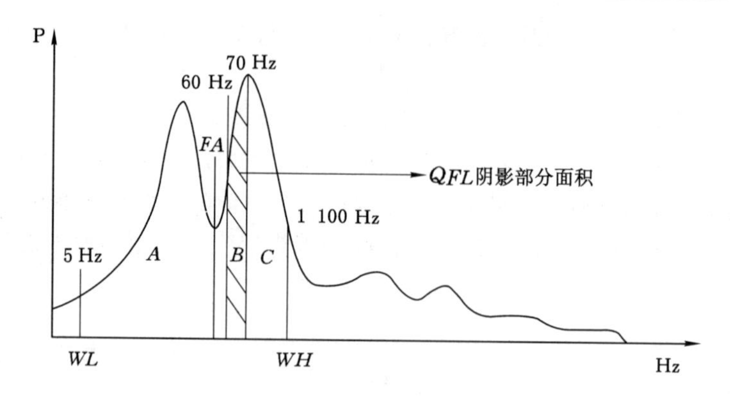

图 3-9 频率属性参数示意图

(3) 平均频率 $FA(i)$：能谱曲线下面积的二分之一处的频率值，如图 3-10 所示，其计算公式是：

$$\sum_{f=WL}^{FA} A_i^2(f) = \sum_{f=FA}^{WH} A_i^2(f) \tag{3.37}$$

(4) 主频带能量 $QFL(i)$：

$$QFL(i) = \sum_{f=ML}^{MH} A_i^2(f) \tag{3.38}$$

同理，参数 MH 和 ML 的选择也需要根据具体使用要求来选择。如图 3-9 所示，可以以主频 65 Hz 为中心，10 Hz 为宽度，来计算这个频带范围内振幅谱曲线下的面积。

(5) 频带宽度 Δf：

$$\Delta f = f_2 - f_1 \tag{3.39}$$

式中 f_1 和 f_2 分别为低截止频率和高截止频率，在图 3-9 中分别为 WL 和 WH。

图 3-10 显示了部分归一化以后的频谱类属性，从图中可以看出主频随着煤层气含量值的增加呈降低趋势，特别是煤层气含量值在 0～30 m³/t 变化的过程中，主频降低趋势非常明显，这与第 2 章中井下原位测试的结果是吻合的。说明主频对煤层气含量值变化是比较明显的，可以用于煤层气含量值的预测。频带宽度随煤层气含量值的变化也有显著的变化。

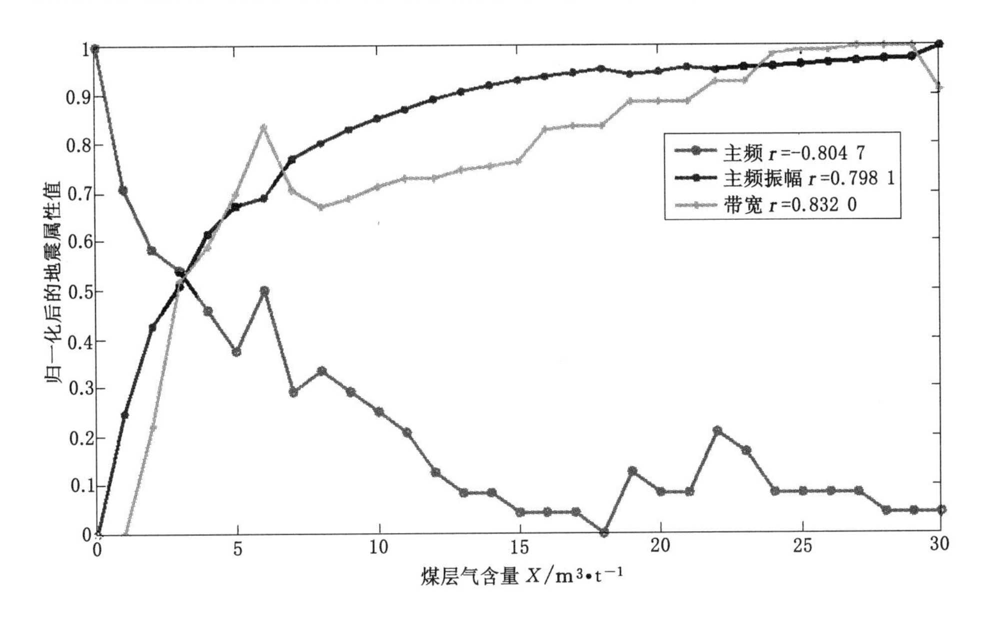

图 3-10　频率属性与煤层气含量关系

3.4　煤层气储层含气量值敏感的地震属性优选

本书共提取了振幅统计类、复地震道统计类、频谱统计类、层序统计类和相关统计类等五大类 56 种地震属性，从 3.3 节中可以看出地震属性和煤层气含量值的关系较为复杂，不具有线性相关关系。为了从众多的地震属性中优选出对煤层气含量值敏感的地震属性，依据式(3.40)对地震属性和煤层气含量值做了相关性分析[84]，分析结果如表 3-1 所示。

$$r=\frac{\sum_i(x_i-\bar{x})(y_i-\bar{y})}{\sqrt{\sum_i(x_i-\bar{x})^2}\sqrt{\sum_i(y_i-\bar{y})^2}} \tag{3.40}$$

式中　x_i——第 i 种地震属性；

$\bar{x}$——各种不同煤层气含量值所对应的第 i 种地震属性的平均值；

y_i、$\bar{y}$——不同的煤层气含量、煤层气含量平均值。

表 3-1　地震属性与煤层气含量值相关系数

地震属性	相关系数	地震属性	相关系数
均方根振幅	0.808 1	有效带宽	0.717 7
平均绝对振幅	0.823 8	弧线长度	0.511 4

续表 3-1

地震属性	相关系数	地震属性	相关系数
最大峰值振幅	0.752 3	平均零交叉点频率	−0.664 5
平均峰值振幅	−0.209 2	主频	0.804 7
最大谷值振幅	0.796 3	主频振幅	0.798 1
平均谷值振幅	0.639 6	主频峰值到最大频率的斜率	−0.574 4
最大绝对振幅	0.796 3	频带宽度	0. 832 0
绝对振幅总量	0.609 3	宽频带总能量	0.717 5
振幅总量	0.712 6	有效段平均频率	−0.849 3
平均能量	0.817 7	主频带能量	0.706 3
能量总体	0.717 7	能量半衰时	0.500 0
平均振幅	0.712 7	能量半衰处的斜率	0.732 6
振幅变化	0.621 1	正负样点比例	−0.664 5
相对振幅	0.670 2	波谷数	0.500 0
波形正半周期能量	0.736 7	方差	0.717 6
波形正半周期面积	0.736 7	与下一个 *CDP* 的协方差	0.721 5
平均极大峰值振幅	0.588 8	相关长度	0.045 6
平均极小谷值振幅	−0.240 3	相关分量 *P*1	0.076 9
积分振幅与时差之积	0.629 1	*KL* 信号复杂度	−0.873 7
平均反射强度	0.692 8	最大旁瓣二分之一面积	0.742 6
平均瞬时频率	0.841 3	振幅 *A*1 比 *A*0 值	0.767 5
平均瞬时相位	0.761 2	振幅 *A*2 比 *A*0 值	−0.873 9
反射强度斜率	−0.755 6	振幅比	−0.508 1
瞬时频率	0.720 1	平均频率	−0.800 0
瞬时相位	0.800 4	重心频率	−0.774 0
瞬时振幅	0.807 7	指定带宽面积	0.782 8
轴中心频率	0.325 0	相关分量 *P*2	0.699 7
轴中心相位	−0.822 9	相关分量 *P*3	0.699 7

从表 3-1 中选取 10 种与煤层气含量值相关系数较大的地震属性，分别为：均方根振幅(1)、平均瞬时频率(2)、瞬时相位(3)、轴中心相位(4)、有效段平均频率(5)、KL 信号复杂度(6)、振幅 *A*2 比 *A*0 值(7)、平均能量(8)、主频(9)和频带宽度(10)。由于众多的地震属性之间可能并不是相互独立的，有些属性之间相

关性比较大，反映的储层信息是相同的或类似的，在使用这些属性之前首先对各属性之间的相关性进行分析，选择相关性较小的属性作为煤层气含量的敏感属性。表3-2给出了已优选出的10种地震属性之间的互相关系数。

表3-2 **各属性间相关系数**

属性	1	2	3	4	5	6	7	8	9	10
1	1.000 0	0.104 7	0.221 1	0.823 9	0.625 7	0.825 4	0.867 4	0.665 0	0.212 7	−0.354 0
2	0.104 7	1.000 0	0.417 3	0.704 6	0.937 2	−0.777 9	0.687 6	0.725 6	0.498 5	−0.024 5
3	0.221 1	0.417 3	1.000 0	0.825 4	−0.863 3	0.787 9	−0.565 3	0.535 7	0.291 6	−0.245 8
4	0.823 9	0.704 6	0.825 4	1.000 0	−0.902 1	−0.417 3	0.787 9	−0.914 1	−0.698 8	0.867 4
5	0.625 7	0.937 2	−0.863 3	−0.902 1	1.000 0	−0.198 8	0.453 6	0.653 4	0. 580 0	0. 601 6
6	0.825 4	−0.777 9	0.787 9	−0.417 3	−0.198 8	1.000 0	0.536 8	0.556 5	−0.717 2	−0.317 2
7	0.867 4	0.687 6	−0.565 3	0.787 9	0.453 6	0.536 8	1.000 0	0.628 4	−0.774 3	−0.319 1
8	0.665 0	0.725 6	0.535 7	−0.914 1	0.653 4	0.556 5	0.628 4	1.000 0	−0.698 3	0.544 9
9	0.212 7	0.498 5	0.291 6	−0.698 8	0. 580 0	−0.717 2	−0.774 3	−0.698 3	1.000 0	−0.073 0
10	−0.354 0	−0.024 5	−0.245 8	0.867 4	0. 601 6	−0.317 2	−0.3191	0.5449	−0.0730	1.0000

根据各属性之间的互相关系数，以及以下地震属性专家优选原则来选定敏感地震属性[85,85]：

（1）根据本区地质特点在试验的基础上选择适用于研究区的属性；

（2）地质目标不同所选取的地震属性会有所不同；

（3）选择对异常特征最敏感和物理意义明确的属性；

（4）在反映异常特征相似的若干属性中只选择其一即可；

（5）根据经验和实践一般认为参与综合处理或分析的地震属性在3～9个最佳。

经过综合分析，最终选定均方根振幅、平均瞬时频率、瞬时相位、频带宽度和主频五种地震属性为煤层气含量敏感地震属性。

4 基于DST-DSmT自适应信息融合的煤层气储层含气量地震多属性预测方法

通过煤层气储层含气量与地震属性响应关系的分析可以看出地震属性可以反映含气量的变化，但是由于地震属性受到多种地质因素的综合影响，如果使用单一地震属性预测储层含气量必然具有多解性和不确定性。为减少这种多解性和不确定性，提高预测精度，本章提出了一种基于DST和DSmT自适应信息融合的煤层气储层含气量地震多属性融合预测方法，将多种地震属性进行联合研究，使其相互印证、补充以达到提高预测精度的目的。

4.1 信息融合技术及主要算法简介

4.1.1 信息融合的定义

信息融合在一开始被称为数据融合，20世纪70年代开始出现在一些文献中，到20世纪90年代发展已较为成熟，开始应用于多个领域。对于信息融合的概念，在其发展过程中不同学者对其做过很多不同的描述，本书中采用1993年美国国防部实验室联合理事会(Joint Director of Laboratories)的定义方式：信息融合即指对来自不同信息源的信息进行自动检测、相关、联结、组合和估计等多层次的处理，从而获取能够更加精确描述目标和身份鉴定的参数、事件、特性和行为[87]。

4.1.2 信息融合的原理

信息融合的原理可以通过现实生活中人类对各种问题的分析、判断和决策过程得到解释。人的眼睛、鼻子、耳朵等相当于不同的信息源，它们将从外界获得的颜色、图像、气味和声音等信息通过大脑组合起来，结合先验知识去分析、判断周围正在发生的事件，并做出决策、采取相应行动。因为不同的感官有不同的度量特征，可以理解为不同空间范围中的多种物理现象，把各种信息转换为对周围环境有用的解释，然后构建可用于解释组合信息的知识库，是一个复杂的智能处理过程。信息融合的原理正是模仿人脑处理复杂问题的信息融合系统，利用计算机在一定的算法指导下将各种来自不同特征信息源的信息(这些信息可能是准确的,也可能是模糊的,可能是相似的也可能是相互矛盾的)进行合理的处理、分析和使用,根据指定准则来组合各种不同信息,从而获得对决策目标的一致性判断[88]。

4.1.3 信息融合目前常用的算法

信息融合的算法大致可以分为概率统计法、智能融合法和其他类融合方法三大类[89]。概率统计法是最早应用与融合算法中的方法,目前常用的包括:贝叶斯估计、卡尔曼滤波、统计决策理论、加权平均和粒子滤波器等多种方法。智能类融合算法可以模拟人类的思维模式,更好地解决信息的不确定性,因此在对不确定信息融合中使用效果较好。目前常用的智能类融合算法大致可以分为神经网络和逻辑推理两大类,其中逻辑推理算法又包括DS证据理论、模糊推理、灰色理论和DSmT算法等。除上述两大类的融合算法外,在信息融合技术的发展过程中还出现了许多其他的融合算法,如小波法、表决法和进化算法等,这些算法在特定的应用背景中可以获得较好的效果。小波法在图像融合中应用广泛,是一种应用小波分解的融合算法;表决法为类似于民主选举制度的算法;进化算法则能够处理多传感器问题中的最优化问题。

4.1.4 DST简介

证据理论是由登普斯特(A. P. Dempster)首先提出,并由谢弗(G. Shafer)进一步发展起来的一种处理不确定性的理论,因此被称为D-S理论(DST)[90,91]。证据理论满足比概率论更弱的公理系统,即不必满足概率可加性,当概率值已知时,证据理论就变成了概率论。DST具有直接表达“不确定”和“不知道”的能力,并在证据合成的过程中保留了这些信息,允许人们将信度赋予假设空间的单个元素或它的子集,这和人类在各级抽象层次上的证据收集过程很相似。在这一部分中将对DST做简单介绍,更多关于证据的数学理论知识可参考G. Shafer的具有里程碑意义的著作[92]。

4.1.4.1 DST的基本概念

① 辨识框架:对于一个判断问题,把所能认识到的所有可能发生事件的集合用Θ表示,且各事件(Θ的元素)之间是互不相容、相互对立的,则称Θ为该问题的辨识框架。辨识框架是证据推理的基础,证据理论中的每一个概念和函数都是基于辨识框架的。

② 基本概率分配:设Θ为辨识框架,A为其子集(即可能发生的事件之一),如果有集合函数$m:2^{\Theta}\rightarrow[0,1]$满足下列条件:

$m(\varnothing)=0$　$\varnothing$ 为空集，即不可能发生的事件

$$\sum_{A\subseteq\Theta} m(A) = 1 \tag{4.1}$$

则称 m 为框架 Θ 上的基本概率分配函数，称为 mass 函数；对任意 $A\subset\Theta$，$m(A)$称为事件 A 的基本概率分配值（BPA，Basic Probability Assignment），表示证据支持事件 A 发生的程度，反映了对 A 的信任程度。$\overline{A}=\Theta-A$ 表示不发生 A 事件，$m(A)+m(\overline{A})\leqslant 1$，说明了在支持事件 A 发生和不支持事件 A 发生之间还有一个不确定区间，体现了基本概率分配值和概率的区别。满足 $m(A)>0$ 的 A 称为焦元（Focal elements）。

③ 信任函数：也称信度函数（Belief Function），在识别框架 Θ 上基于 BPAm 的信任函数定义为：

$$\mathrm{Bel}(A) = \sum_{B\subseteq A} m(B) \tag{4.2}$$

表示对 A 为真的信任程度，可称为对 A 信任程度的下限。

④ 似然函数：也成似然度函数（Plausibility Function），在识别框架内基于 BPAm 的似然函数定义为：

$$\mathrm{Pl}(A) = \sum_{B\cap A\neq\phi} m(B) \tag{4.3}$$

表示对 A 为非假的信任程度，可称为对 A 信任程度的上限。

由信任函数和似然函数的定义不难看出两者之间满足如下关系：

$$\mathrm{Bel}(\overline{A}) = 1 - \mathrm{Pl}(A) \tag{4.4}$$

⑤ 信任区间：在 DST 中，对于识别框架 Θ 中的某个命题 A，根据基本概率分配 BPA 分别计算出关于该命题的似然函数 Pl(A)和信任函数 Bel(A)，即可组成信任区间[Bel(A)，Pl(A)]，可以用来表示对某个命题确认程度的下限与上限，记作 A(Bel(A)，Pl(A))。

DST 对不确定信息的表示如图 4-1 所示。

图 4-1　DST 对不确定信息的表示

$A(1,1)$表示 A 为真；$A(0,0)$表示 A 为假；$A(0,1)$表示对 A 一无所知；Pl(A)－Bel(A)表示对 A 不知道的程度。下面我们可以通过几个例子来说明下限和上限的意义。

(a) $A(0.3,1)$，因为 Bel(A)＝0.3，说明对 A 为真有一定的信任度，信任度为 0.3，而 Pl(A)＝1，Bel($\overline{A}$)＝1－Pl(A)＝0 说明对 A 为假不信任。

(b) $A(0,0.8)$因为 $\mathrm{Bel}(A)=0$，$\mathrm{Bel}(\bar{A})=1-\mathrm{Pl}(A)=0.2$，说明对 A 为假有一定的信任度，信任度为 0.2，而对 A 为真不信任。

c) $A(0.3,0.8)$，因为 $\mathrm{Bel}(A)=0.3$，$\mathrm{Bel}(\bar{A})=1-\mathrm{Pl}(A)=0.2$，说明对 A 为真的信任程度要比对 A 为假的信任程度高一些。

4.1.4.2 DST 证据融合规则

证据融合规则综合来自多个证据体的基本可信度分配，得到了一个新的基本可信度分配作为输出。融合规则称作正交和规则，用⊕表示。设 $m_1(A)$和 $m_2(A)$分别是 2 个不同的证据体对辨识框架上 Θ 同一事件 A 的基本概率分配值，则使用 DST 证据融合规则融合后事件 A 的基本概率分配值为：

$$m(A)=m_1(A)\oplus m_2(A)=\frac{\sum\limits_{x\cap y=A}m_1(x)m_2(y)}{1-\sum\limits_{x\cap y=\varnothing}m_1(x)m_2(y)} \tag{4.5}$$

记

$$k=\sum_{x\cap y=\varnothing}m_1(x)m_2(y) \tag{4.6}$$

k 称为冲突因子，其值越大说明两个证据间的冲突越大。

DST 证据融合规则，提供了组合 2 个证据的方法；显然⊕满足交换律和结合律，即有：

$$\begin{cases}m_1(\cdot)\oplus m_2(\cdot)=m_2(\cdot)\oplus m_1(\cdot)\\ [m_1(\cdot)\oplus m_2(\cdot)]+m_3(\cdot)=m_1(\cdot)\oplus[m_2(\cdot)+m_3(\cdot)]\end{cases} \tag{4.7}$$

对于多个证据的组合，可通过重复利用式(4.5)对多个证据进行两两组合完成。

4.1.5 DSmT 理论

DST 证据融合规则将融合过程中产生的冲突因子通过一个简单的归一化处理后重新分配给各个证据，而这种分配方法在融合证据体之间的冲突因子较大时会出现反人类直觉的现象。如对于某辨识框架 $\Theta=\{A,B,C\}$，有两个独立可信的证据源给出的基本可信度赋值分别为：

$$m_1(A)=0.01,m_1(B)=0,m_1(C)=0.99$$

$$m_2(A)=0.04,m_2(B)=0.96,m_2(C)=0$$

即证据体 1 认为该事件为 C 的可能性最大，为 B 的可能性为 0；而证据体 2 则认为该事件为 B 的可能性最大，为 C 的可能性为 0。两证据体之间的冲突因子 $k=0.999\,6$，说明这两个证据体是互相矛盾的。使用 4.2 节中介绍的 DST 证据融合规则对两个证据体进行融合，融合后的基本可信度赋值为：

$$m(A) = 1, m(B) = 0, m(C) = 0$$

融合的结果认为该事件 A,为 B 和 C 的可能性都为 0。这显然和实际情况相悖,说明当各证据体之间的冲突因子较大时,及各证据相互矛盾时 DST 证据融合规则失效,计算的结果错误。

为解决这一问题,法国航空航天实验室(The French Aerospace Lab, France)的吉恩·德泽尔特(Jean Dezert)博士和美国新墨西哥大学(University of New Mexico,USA)的弗罗仁汀·斯马兰达凯(Folrentin Smarandache)教授于 2001 年提出把似是而非和自相矛盾推理方法用于数据融合的一种新理论,即 DSmT(Dezert-Smarandache Theory)[93,94]。DSmT 可以看作是 DST (经典的证据理论)的扩展,但两者之间也存在重要差异。DSmT 的发展主要是为了克服 DST 内在的局限性,这些局限性主要表现在如下三个方面:

(1) 辨别框架 Θ 定义为由有限个相互排斥并且完备的假设组成;

(2) 任何属于幂集 Θ 的命题的补集仍然包含在幂集 Θ 中;

(3) 将 Denpster 组合规则(包含归一化)作为独立证据源。

DSmT 认为应该去掉 DST 这三个条件,并提出了新的证据源组合规则。

对于大部分信息融合问题,命题之间本质上是含糊不清、不精确的,所以在实际应用中根本无法对其进行精确描述,同时对于相互排斥的命题也无法正确地识别和精确地划分。因为在要讨论的问题中包括很多用自然语言描述的连续、模糊和相对的概念,它们没有绝对的定义,比如说高和低、高兴和伤心、冷和热等诸如此类的似是而非和自相矛盾的概念。自由 DSmT 模型记为 $\mu^f(\Theta)$,此模型的 Θ 是一个包含 n 个完备命题的框架,各命题之间允许存在交叉。此模型被称为自由的原因是这些命题并没有其他的假设约束条件。

辨识框架中的命题,可能会出现自由模型中无法处理的情况,因为辨识框架的 Θ 某些子集可能含有排斥的命题,或者是在一个特定时刻某些命题不存在,如在动态融合时辨识框架 Θ 随着可用信息的变化是随着时间变化的。DSmT 将这些完全约束添加到自由 DSm 模型 $\mu^f\Theta$ 中,更好地逼近现实情况,这样就构造了混合 DSm 模型 $\mu(\Theta)$。

令 $\Theta=\{\theta_1,\theta_2\}$作为一个由两个命题组成的最简单的框架结构,有如下结论:

(1) 概率理论在相互排斥和完备假设的条件下,基本概率值所满足的条件为:

$$m(\theta_1) + m(\theta_2) = 1$$

(2) DST 在相互排斥和完备假设的条件下,基本可信度赋值所满足的条件为:

$$m(\theta_1) + m(\theta_2) + m(\theta_1 \cup \theta_2) = 1$$

(3) DSmT 在完备的假设条件下(即自由 DSm 模型),其广义基本可信度赋值满足条件:

$$m(\theta_1)+m(\theta_2)+m(\theta_1\cup\theta_2)+m(\theta_1\cap\theta_2)=1$$

当用自由 DSm 模型 $\mu^f(\Theta)$ 对具有相同的辨别框架两个独立证据源进行信息融合时,不是将融合过程中产生的冲突因子通过简单的归一化处理后重新分配给各个证据,而是按照一定的比例关系分配到非空集部分中。DSmT 主要包括了五种比例冲突分配规则(PCR),在这五种比例冲突分配规则中,PCR5 是当前公认分配精度最高的[91],因此本书中选用 PCR5 作为融合过程中的比例冲突分配原则。在融合过程汇总 PCR5 把证据体 x 和 y 之间的局部冲突信度按照冲突中 x 和 y 所占比重进行再分配,该比例冲突分配组合规则 $m_{\mu^f}(\Theta)\equiv m(\cdot)\triangleq[m_1\oplus m_2](\cdot)$ 符合证据源的合取一致原理,具体表示形式如下:

$$\forall C\neq\varnothing\in D^\Theta$$

$$m_{\mu^{f(\Theta)}}(C)\triangleq[m_1\oplus m_2](C)=\sum_{\substack{A,B\in D^\Theta\\ A\cap B=C}}m_1(A)m_2(B)+\sum_{\substack{A\in D^\Theta\\ A\cap C=\varnothing}}\left[\frac{m_1^2(C)m_2(A)}{m_1(C)+m_2(A)}+\frac{m_2^2(C)m_1(A)}{m_2(C)+m_1(A)}\right]\tag{4.8}$$

此组合规则也满足交换律和结合律,常用于处理包含模糊概念证据源的融合问题。当有 2 个以上证据源的自由 DSm 模型 $\mu^f(\Theta)$,可通过重复利用式(4.8)对多个证据进行两两组合完成。

比例冲突分配组合规则把融合框架中的两个命题之间的局部冲突按照冲突中命题所占比重进行重新分配,而 DST 证据融合规则是把总的冲突通过简单的归一化处理后分配到整个融合框架,显然比例冲突分配最后规则比 DST 证据融合规则在处理高冲突问题时更符合实际情况。为对比两种方法的融合效果,将上文中提到的对于某辨识框架 $\Theta=\{A,B,C\}$,有两个独立可信的证据源给出的基本可信度赋值分别为:

$$m_1(A)=0.1, m_1(B)=0, m_1(C)=0.99$$

$$m_2(A)=0.04, m_2(B)=0.96, m_2(C)=0$$

的问题,用本节中提到的 DSmT 方法进行再次融合,并将融合结果和 DST 融合结果对比,对比结果见表 4-1。

表 4-1 冲突因子较大时 DST 和 DSmT 融合结果对比

	$m(A)$	$m(B)$	$m(C)$	冲突因子
DST 融合结果	1	0	0	$k=0.9996$
DSmT 融合结果	0.002	0.477 4	0.520 6	

从表 4-1 中可以看出，DSmT 融合结果认为该事件为 A 的可能性很小，为 B 和 C 的可能性基本相等，根据不同的决策规则，可以得到认为该事件为 C 或者无法确定是 B 和 C 哪一种的两种结论。在得到无法确定是 B 和 C 哪一种的结论时，说明在没有新证据加入之前无法得出结论。DSmT 的融合结果显然比 DST 融合结果更符合常理。

4.2 基于 DST 与 DSmT 自适应信息融合方法

4.2.1 基于 DST 和 DSmT 自适应信息融合方法思想

当融合信息源之间相互矛盾即冲突因子较大时，DSmT 的融合结果显然要优于 DST，那么在冲突因子较小时会是怎样呢？为验证冲突因子较小时两种融合方法的融合效果，对辨识框架 $\Theta\{A,B,C\}$，两个给出的基本可信度赋值分别为：

$$m_1(A)=0.52, m_1(B)=0.28, m_1(C)=0.2$$

$$m_2(A)=0.4, m_2(B)=0.4, m_2(C)=0.2$$

的独立可信证据源分别使用 DST 和 DSmT 方法进行融合，融合结果见表 4-2。

表 4-2 冲突因子较小时 DST 和 DSmT 融合结果对比

	$m(A)$	$m(B)$	$m(C)$	冲突因子	运算时间
DST 融合结果	0.577 8	0.311 1	0.111 1	$k=0.64$	0.000 156 s
DSmT 融合结果	0.519 9	0.334 6	0.145 6		0.000 500 s

从表 4-2 可以看出在冲突因子较小时，DST 和 DSmT 两种方法的融合结果基本一致，都可以正确地判断出目标为 A，DST 融合结果要优于 DSmT 融合结果，而运算时间则明显低于 DSmT 方法。

和 DST 相比较，DSmT 的优点是能够很好地解决证据冲突较大时的证据组合问题，但在融合信息源之间的冲突因子较小时，DST 的融合效果和计算效率则都明显要优于 DSmT。如果在信息融合的过程中，首先计算证据间的冲突率，然后根据冲突率的大小选择融合算法:冲突因子大时选择 DSmT 方法,冲突因子小时选择 DST 方法,则可以兼顾融合的精度和效率。基于 DST 和 DSmT 自适应信息融合方法的算法思想,即为在证据冲突较小的情况下,选择 DST 用于融合,可以使用较小计算量和存储量获得很好的融合结果;在高冲突时选择 DSmT 融合,仍可以获得理想的融合效果,从而有效地提高整个融合系统的效能。

4.2.2 冲突因子阈值确定

基于 DST 和 DSmT 自适应信息融合方法的一个关键问题是冲突因子阈值的确定。为确定冲突因子的阈值,可以通过构造几组包含相同证据体和辨识框架的融合实例,改变各证据间的冲突因子,分别使用 DSmT 和 DST 进行融合,分析融合结果来确定冲突因子阈值[95,96]。设定辨别框架 $\Theta=\{A,B,C\}$,两个证据体给出的第一组基本可信度分配分别为:

$$m_1(A)=0.99-2\varepsilon, m_1(B)=0.01+\varepsilon, m_1(C)=\varepsilon$$

$$m_2(A)=\varepsilon, m_2(B)=0.01+\varepsilon, m_2(C)=0.99-2\varepsilon$$

第二组基本可信度赋值:

$$m_1(A)=0.99-2\varepsilon, m_1(B)=0.01+\varepsilon, m_1(C)=\varepsilon$$

$$m_2(A)=\varepsilon, m_2(B)=0.99-2\varepsilon, m_2(C)=0.01+\varepsilon$$

图 4-2 给出了 ε 在[0,0.495]的变化过程中,冲突因子 k 和分别使用 DST 与 DSmT 两种方法的融合结果。

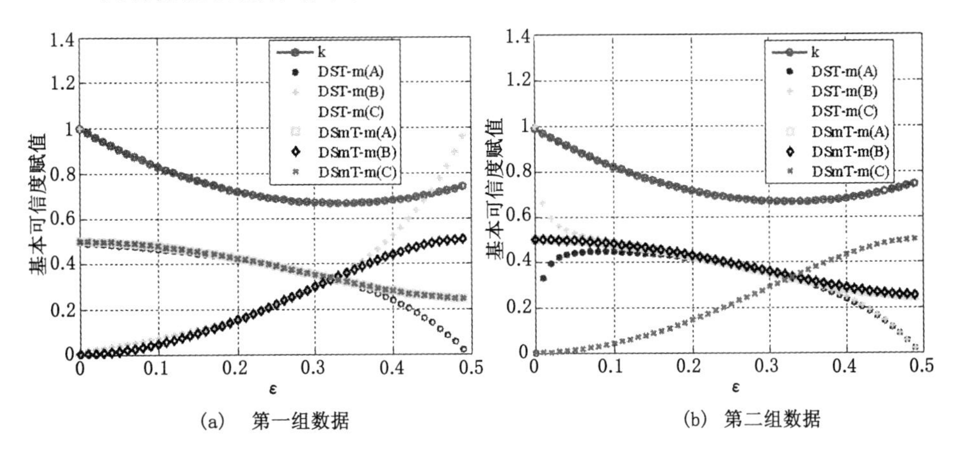

(a) 第一组数据　　(b) 第二组数据

图 4-2 DST 和 DSmT 融合结果对比

图中有 2 个明显的交点,交点横坐标。从图中可以看出,当冲突减小时,即

k 值降低时 DST 和 DSmT 融合的结果目标(第一组数据的 B 和第二组数据的 C)的可信度分配值都快速上升,但 DST 的上升速度更快,k 值越小 DST 优于 DSmT 的效果越明显。对比(a)、(b)两图可以发现目标的识别,即其可信度分配值高于其他目标的点均在,这两组例子没有特别联系,因此可以说明 DST 和 DSmT 的融合效果发生变化,可以将其作为设定阈值。

4.2.3 基于 DST 与 DSmT 自适应信息融合算法流程

N 个独立信息源进行融合时可以通过信息源两两融合进行等价,这样可以避免多个信息源直接进行融合时可能导致的计算量巨大的问题,因此本书中采用信息源两两融合,逐步计算融合结果的方法,即每两个信息源融合后得到的结果作为新的信息源与下一个信息源进行融合,具体算法流程如图 4-3 所示。

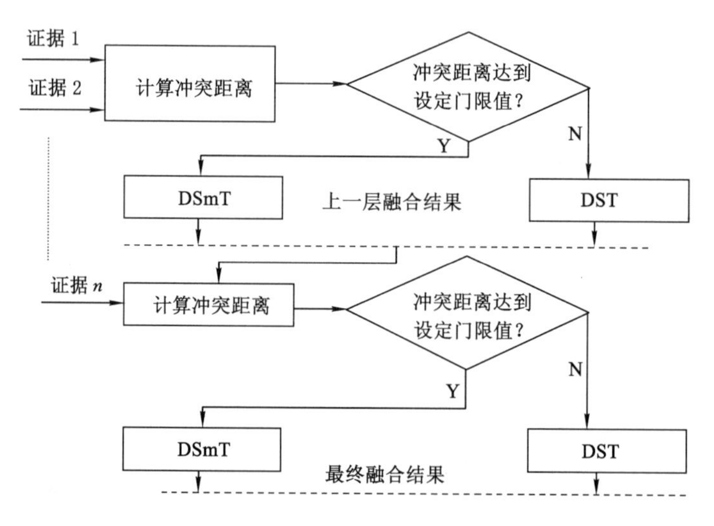

图 4-3 基于 DST 与 DSmT 的信息融合流程图

为对比 DST、DSmT 和基于 DST 和 DSmT 自适应三种融合方法的融合效果,对辨识框架 $\Theta=\{A,B,C\}$,采用 1 000 组随机生成的可信度赋值,每组可信度赋值由 2 个独立的信息源组成,分别使用 DST、DSmT 和基于 DST 与 DSmT 的自适应融合算法进行计算,分别将 DST 和基于 DST 与 DSmT 自适应融合得到的结果与 DSmT 融合结果对比,对比结果如表 4-3 所示。三种不同算法的运行时间对比图如图 4-4 所示。

表 4-3 不同算法融合结果对比

融合方法	平均偏差		
	$m(A)$	$m(B)$	$m(C)$
DST	−0.001 3	−0.002 3	0.003 6
DST-DSmT 自适应	0.000 3	0.002 7	0.002 4
DSmT	0	0	0

对比表 4-3 中不同融合方法的融合结果及图 4-4 中各种融合方法所用的时间,可以看出本章中提出的基于 DST 和 DSmT 自适应信息融合方法与单一的 DST 或 DSmT 融合方法相比具有明显优势:在融合过程中根据信息源冲突因子 k 的大小自动地选择适合的融合方法,既可以避免单独使用 DST 融合方法在冲突因子较大时造成的错误结果,又可以获得比单独使用 DSmT 融合方法要快的速度,兼顾了融合的精度和效率。

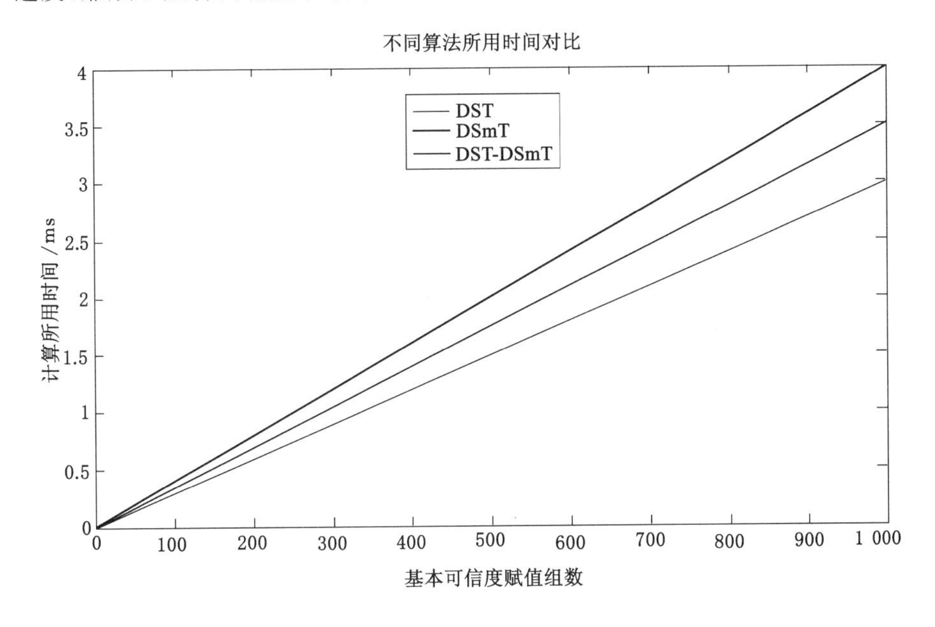

图 4-4 不同算法所用时间对比

4.3 基于DST和DSmT自适应融合的煤层气储层含气量地震多属性预测方法

4.3.1 融合信息源(地震属性)选择

首先依据第三章中的正演结果分析初步选定对煤层气含量变化比较敏感的主频、均方根振幅、频带宽度、瞬时频率和瞬时相位五种地震属性作为判断煤层气含量多少的融合信息源。考虑到在实际应用中由于受多种地质因素的综合影响地震属性和含气量之间的关系可能会与正演模型有所不同,在具体应用时以勘探区钻孔实测煤层气含量值为指导,对理论优选出的煤层气储层含气量敏感地震属性值进行进一步验证和优选。

以沁水盆地寺河煤矿某勘探区为例,该区有煤层气含量钻孔7个,各钻孔位置及实测煤层气含量值如表4-4所示。

表4-4 某勘探区钻孔实测煤层气含量值

井编号	Inline	Xline	含气量/$m^3 \cdot t^{-1}$
1	97	83	10.11
2	63	182	8.69
3	218	93	12.51
4	24	322	17.58
5	87	306	18.02
6	202	318	16.85
7	190	420	9.79

提取井旁地震道地震属性(初选出的煤层气储层含气量敏感地震属性),将这些地震属性与钻井实测煤层气含量值做相关分析,表4-5显示了井旁地震属性值和钻井实测煤层气含量值的相关系数表。依据相关分析结果,最终优选出主频、均方根振幅、频带宽度和瞬时相位4种地震属性作为煤层气含量预测的融合信息源。

表4-5 井旁地震属性与钻孔实测煤层气含量值相关系数

地震属性	主频	带宽	RMS	瞬时频率	瞬时相位
相关系数	−0.396 6	0.158 5	0.285 7	0.068 5	0.300 5

4.3.2 煤层气储层含气量预测辨识框架

根据煤层气勘探与开发应用的实际需要，本书将预测结果分为煤层气高含量区、煤层气低含量区和煤层气中等含量区三种类型，建立预测辨识框架 $\Theta=\{H,M,L\}$，式中 H 表示煤层气高含量区，L 表示低含量区，M 表示为中等含量区。

4.3.3 融合信息源可信度分配

融合信息源可信度分配是基于证据理论的信息融合方法的核心问题，信息源可信度分配得是否合理直接影响着融合结果。本书采用基于模糊数学的信息源可信度分配方法，模糊数的类型多种多样，常见的有梯形、三角形和高斯型等，具体采用何种类型的模糊数，需要与实际问题相互结合予以确定，其原则为所选用的模糊数应该具有一定的合理性而且易于后续处理[13]。在这一标准下，本书确定采用三角形模糊数对所研究目标属性的模型进行刻画。一个三角模糊数可以表示为如图 4-5 所示的三元组(a,b,c)，其隶属函数为

$$\mu_{\mathrm{A}}(x)=\begin{cases}0 & x<a,x>c\\ \dfrac{x-a}{b-a} & a\leqslant x\leqslant b\\ \dfrac{x-a}{c-b} & b\leqslant x\leqslant c\end{cases}\tag{4.9}$$

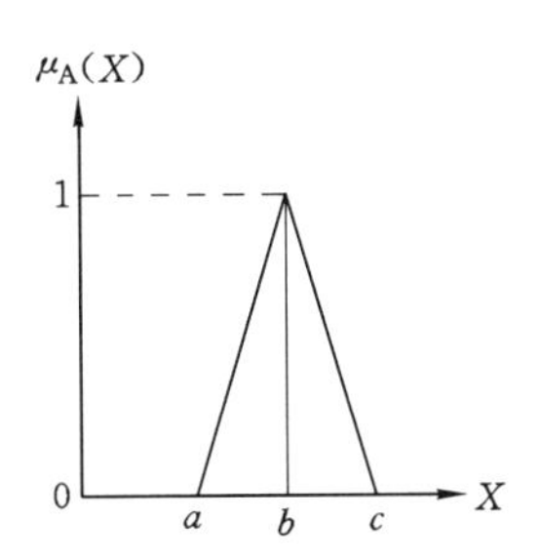

图 4-5 三角形模糊数(a,b,c)

可以用一个模糊数来描述目标的属性，比如物体 A 的质量经过多次测量后得到的数值为 g，则该物体的质量属性可以表示为一个三角模糊数(38,40,42)。设系统的辨识框架，一个融合信息源对目标的某个属性 At 进行测量产生了一个测量值R，该测量值隶属于各个目标属性模板 At 的程度记为 $\mu_{\mathrm{R}}^{At_1}$，$\mu_{\mathrm{R}}^{At_2}$，…，$\mu_{\mathrm{R}}^{At_n}$，其中 $\mu_{\mathrm{R}}^{At_n}$ 表示对目标 n 的At_n 属性在信息源观测数值为R 的情况下隶属于该目

标的可能性，本书生成 BPA 的步骤如下[97]：

(1) 令 $U_n = \max_{i=1,\cdots,n} \mu_R^{At_i}$

(2) 分配给全集的 BPA 为 $1-\mu_n$

(3) 分配给第 i 个目标的 BPA 为 $\mu_R^{At_i}$

对全集的 BPA 和分配给第 i 个目标的 BPA 进行归一化处理，就得到信息源此次测量的 BPA。

以频带宽度属性为例，在正演模型的指导下，结合钻孔及钻孔周围实测地震道地震属性的统计可知煤层气高含量区的频带宽度属性值范围为 10.943 0，即模糊数为(7.545 0，10.943 0，14.341 0)；煤层气低含量区的频带宽度属性值范围为 8.130 0，即模糊数为(6.557 0，8.130 0，9.703 0)；中等含量区频带宽度属性值为8.957 9，即模糊数为(6.729 4，8.957 9，11.186 4)。某点实测频道宽度为 10.275 3，根据上述基本概率值生成步骤计算可得该点为煤层气高含量区的可能性为：

$$\mu_H = 1 - \frac{|10.2753 - 10.9430|}{2 \times 3.3980} = 0.9018$$

该点为煤层气低含量区的可能性为：

$$\mu_L = 1 - \frac{|10.2753 - 8.1300|}{2 \times 1.5730} = 0.3181$$

该点为煤层气中等含量区的可能性为：

$$\mu_M = 1 - \frac{|10.2753 - 8.9579|}{2 \times 2.2285} = 0.7044$$

不确定性为：

$$\mu_O = 1 - \max(\mu_H, \mu_M, \mu_L) = 0.0982$$

归一化后即可得到该点处频带宽度证据体的可信度分配为：

$$m(H) = \frac{\mu_H}{\mu_H + \mu_M + \mu_L + \mu_O} = 0.4459$$

$$m(L) = \frac{\mu_L}{\mu_H + \mu_M + \mu_L + \mu_O} = 0.1573$$

$$m(M) = \frac{\mu_M}{\mu_H + \mu_M + \mu_L + \mu_O} = 0.3483$$

$$m(O) = m(H \cup M \cup L) = \frac{\mu_O}{\mu_H + \mu_M + \mu_L + \mu_O} = 0.0486$$

式中 $m(H)$、$m(L)$、$m(M)$ 分别代表高含气量区、低含气量区和中间区的可信度分配，$m(O)$ 代表可信度赋值的不确定性。

4.3.4　信息融合方法

若有 2 个证据(地震属性)对辨识框架 $\Theta=\{H,M,L\}$ 的可信度分配分别为 $m_1(H)$、$m_1(L)$、$m_1(M)$、$m_1(O)$ 和 $m_2(H)$、$m_2(L)$、$m_2(M)$、$m_2(O)$，在融合过程中首先依据式(4.6)计算两种证据体之间的冲突因子：

$$k=\sum_{x\cap y=\varnothing}m_1(x)m_2(y)=m_1(H)m_2(L)+m_1(H)m_2(M)+m_1(L)m_2(H)+m_1(L)m_2(M)+m_1(M)m_2(L)+m_1(M)m_2(H) \tag{4.10}$$

然后根据冲突因子的大小选择融合规则，如果冲突因子大于设定阈值选择 DSmT 融合方法，使用自由(经典)DSm 比例冲突分配组合规则式(4.8)进行融合；若冲突因子小于设定阈值则选择 DST 融合方法，使用登普斯特(Dempster)，证据融合规则式(4.5)进行融合。以高含气量区的概率分配值为例，如果冲突因子 k 大于设定阈值，则融合后：

$$m(H)=m_1(H)m_2(H)+m_1(H)m_2(O)+m_1(O)m_2(H)+\frac{m_1^2(H)m_2(L)}{m_1(H)+m_2(L)}+\frac{m_2^2(H)m_1(L)}{m_1(L)+m_2(H)}+\frac{m_1^2(H)m_2(M)}{m_1(H)+m_2(M)}+\frac{m_2^2(H)m_1(M)}{m_2(H)+m_1(M)} \tag{4.11}$$

若冲突因子 k 小于设定阈值，则融合后结果为：

$$m(H)=\frac{m_1(H)m_2(H)+m_1(H)m_2(O)+m_1(O)m_2(H)}{1-k} \tag{4.12}$$

如果融合信息源多于两个则按照图 4-3 所示的流程，采用信息源两两融合，逐步计算融合结果的方法，然后将每两个信息源融合后得到的结果作为新的信息源与下一个信息源进行融合。

4.3.5　融合结果决策规则

在对多个信息源利用上述方法进行融合后，还需要根据一定的决策规则做出最后的预测结果。在证据理论的决策规则中基于基本概率赋值方法是应用较为广泛的决策规则中的一种，即要求判断目标所属类别应该具有最大的基本概率赋值[98]。即：

$\forall A_1$、$A_2\subset\Theta$，$m(\cdot)$ 是经过融合后获得的最终基本概率赋值

如果满足式(4.13)则可以判断 A_1 为识别目标。

$$\begin{cases} m(A_1) - m(A_2) > \xi_1 \\ m(O) < \xi_2 \\ m(A_1) > m(O) \end{cases} \tag{4.13}$$

式中 ξ_1 和 ξ_2 为预先设定的门限值,在实际应用中可根据具体情况设定。

4.3.6 应用举例

以沁水盆地某勘探区为例,首先提取勘探区煤层气含气量敏感地震属性,如图 4-6 所示。

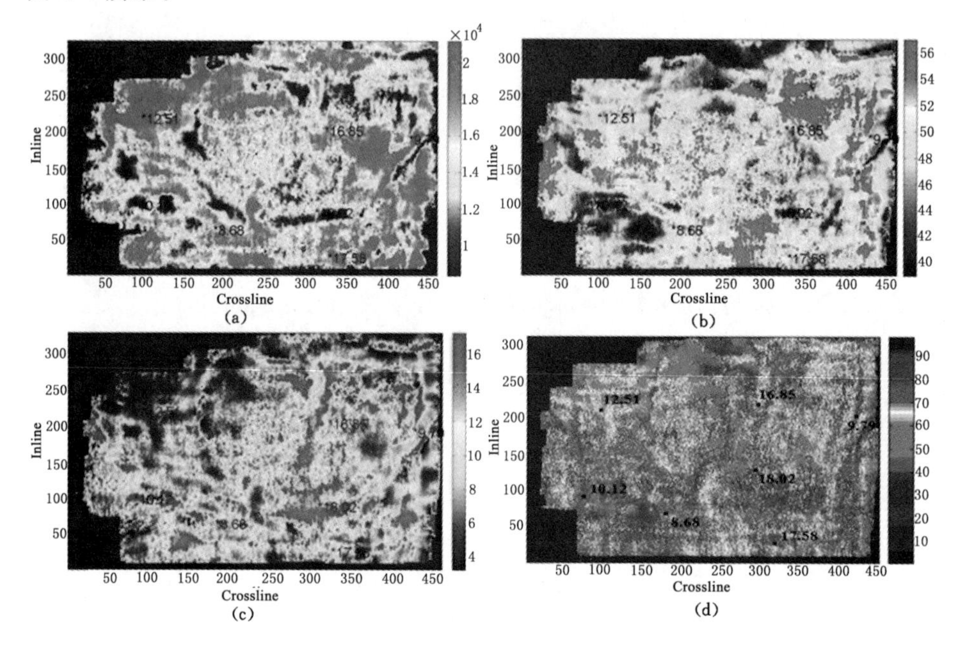

图 4-6 煤层气含量敏感地震属性

(a) 均方根振幅;(b) 主频;(c) 频带宽度;(d) 瞬时相位

(* 号处标注的为钻孔实测煤层气含量值,单位 m^3/t)

将勘探区中的 7 个钻孔依据实测煤层气含量值的多少分为高含气量孔、低含气量孔和中等含气量孔三类,其中井编号为 4、5、6 的三个钻孔为高含气量孔;编号为 1 和 3 的钻孔为中等含气量孔;编号为 2 和 7 的两个钻孔为低含气量孔。以编号为 4 和 5 的钻孔为中心在其周围各取 9 道,计算各地震属性的平均值和方差值作为煤层气高含量区的地震属性范围值;同样方法分别确定煤层气为低含量区和中等含量区的地震属性值范围,各属性值范围见表 4-6。

表 4-6 不同煤层气含量的地震属性值范围

	高含气区	中等含气区	低含气区
均方根振幅	(14 601±3 380.5)	(16 514)	(15 947)
主频	(47.062 0)	(48.081 1)	(51.314 3)
频带宽度	(10.943 0)	(8.957 9)	(8.130 0)
瞬时相位	(54.203 9)	(60.138 5)	(59.086 5)

以勘探区编号为6的钻孔处地震道(Inline202,Crossline318)点为例,该点处实测地震属性值如表4-7所示,依据4.5.3节中介绍的基本可信度生成步骤可以确定该点处各属性的基本可信度分配值如表4-8所示。

表 4-7 (Inline202,Crossline318)处各证据体实测数值

证据体	均方根振幅	主频	瞬时相位	频带宽度
实测数值	15 316	49.441 1	53.668 7	10.275 3

表 4-8 (Inline202,Crossline318)处各证据体的可信度分配

证据体	$m(H)$	$m(L)$	$m(M)$	$m(O)$
均方根振幅 E1	0.372 8	0.210 2	0.387 4	0.029 6
主频 E2	0.409 0	0.028 9	0.069 2	0.493 0
频带宽度 E3	0.445 9	0.153 7	0.348 3	0.048 6
瞬时相位 E4	0.592 8	0.210 9	0.173 5	0.022 8

计算勘探区中每一个CDP点各属性基本可信度分配值,并依据4.5.5中提出的决策规则,设定阈值和为0.005 0,使用单一属性对勘探区的煤层气含量进行预测,预测结果如图4-7所示。表4-8中的各属性的基本可信度值显示瞬时相位和频带宽度两个属性支持该点为煤层气高含量区,均方根振幅属性支持该点为煤层气中等含量区,而主频属性无法确定该点的含气量高低;这说明了使用单一的地震属性来预测煤层气含量值具有很大的不确定性和多解性,预测精度不高。从图4-7中也可以看出四种单一的地震属性预测出的煤层气含量值分布情况有很大的差异,和钻孔实测煤层气含量值误差较大。

为减少单一地震属性预测的多解性和不确定性,提高预测精度,将上述四种煤层气含量值敏感地震属性按照本章介绍的基于DST-DSmT自适应信息融合方法进行融合,然后再对融合结果依据决策规则进行预测。仍以(Inline202,Crossline318)点为例,对表4-8中该点处各属性可信度值进行融合,融合过程及结果如表4-9所示。

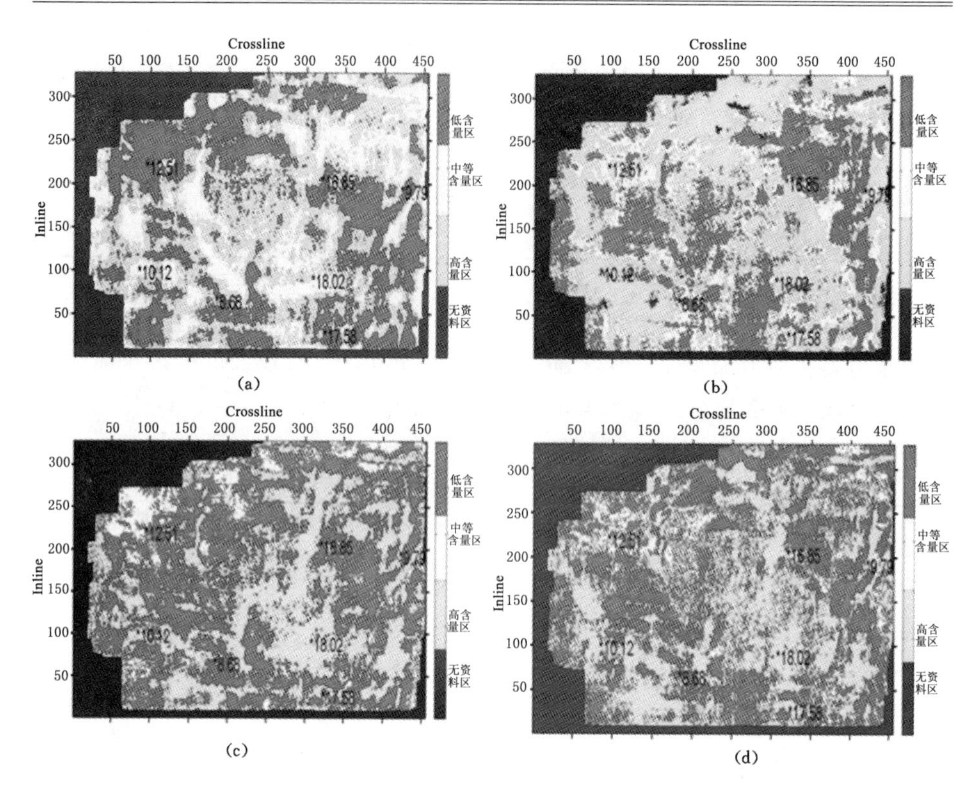

图 4-7 单一属性预测煤层气含量结果

(a) 均方根振幅;(b) 主频;(c) 频带宽度;(d) 瞬时相位

(* 号处标注的为钻孔实测煤层气含量值,单位 m^3/t)

表 4-9 **融合过程及结果**

	m_{12}	m_{123}	m_{1234}
冲突因子 K	0.306 7	0.569 1	0.541 3
DST	$m(H)=0.502\ 5$	$m(H)=0.598\ 2$	$m(H)=0.816\ 3$
	$m(L)=0.159\ 7$	$m(L)=0.082\ 3$	$m(L)=0.046\ 8$
	$m(M)=0.317\ 1$	$m(M)=0.308\ 9$	$m(M)=0.136\ 2$
	$m(O)=0.020\ 9$	$m(O)=0.010\ 5$	$m(O)=0.000\ 7$
DSmT	$m(H)=0.518\ 3$	$m(H)=0.565\ 1$	$m(H)=0.691\ 2$
	$m(L)=0.152\ 3$	$m(L)=0.100\ 9$	$m(L)=0.102\ 0$
	$m(M)=0.314\ 9$	$m(M)=0.323\ 0$	$m(M)=0.206\ 8$
	$m(O)=0.014\ 6$	$m(O)=0.010\ 9$	$m(O)=0.002\ 4$

续表 4-9

	m_{12}	m_{123}	m_{1234}
冲突因子 K	0.306 7	0.569 1	0.541 3
DST-DSmT	$m(H)=0.502\ 5$	$m(H)=0.598\ 2$	$m(H)=0.816\ 3$
	$m(L)=0.159\ 7$	$m(L)=0.082\ 3$	$m(L)=0.046\ 8$
	$m(M)=0.317\ 1$	$m(M)=0.308\ 9$	$m(M)=0.136\ 2$
	$m(O)=0.020\ 9$	$m(O)=0.010\ 5$	$m(O)=0.000\ 7$

从融合结果和融合过程中可以看出，当融合信息的冲突较小时，使用 DST 融合规则进行融合效果要略优于 DSmT。在本例中，冲突因子均小于设定阈值 0.667，因此都采用 DST 融合规则。三种融合方法的融合结果都支持该点为煤层气高含量区，而该点的钻孔实测煤层气含量值为 16.85 m^3/t，说明预测结果和钻孔实测结果吻合；使用 DST 和基于 DST 和 DSmT 自适应融合的融合结果支持该点为高含量区的概率为 0.816 3，使用 DSmT 方法的融合结果支持该点为高含量区的概率比另外两种方法略低，为 0.691 2。相比较使用单一的地震属性进行预测，经过融合的地震多属性预测结果显然预测精度更高，可以有效地减小单一属性带来的多解性和不确定性。将整个勘探区各个 CDP 点都使用上述方法进行融合，并将融合结果在决策规则的指导下对该区的煤层气含量值进行预测，预测结果如图 4-8 所示。图 4-9 显示了勘探区经钻孔实测煤层气含量值插值而得到的煤层气含量等值线图。对比图 4-8 和图 4-9 可以看出，经过多属性融合后的预测结果与钻孔实测煤层气含量值吻合较单一属性的预测结果更

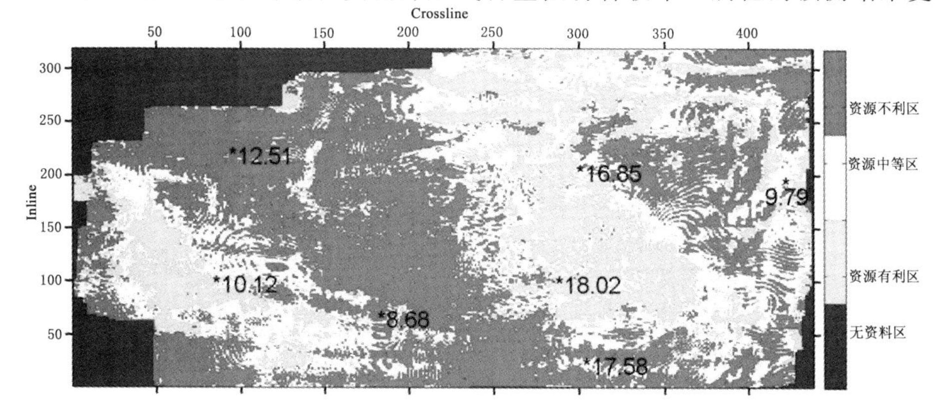

图 4-8 四种地震属性融合预测煤层气含量成果

（*号处标注的为钻孔实测煤层气含量值，单位 m^3/t）

好，说明本章提出的多地震属性融合方法减少了单一地震属性预测煤层气含量值的不确定性和多解性，提高了预测精度。

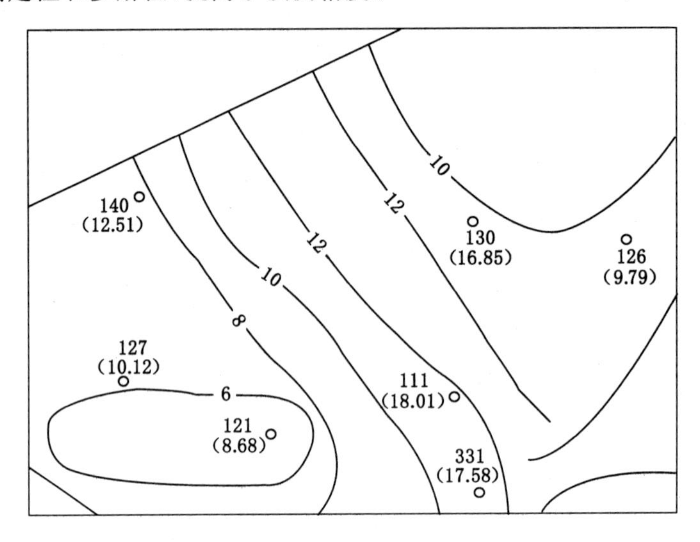

图 4-9 钻孔实测煤层气含量插值等值线

5 煤层气储层渗透性地震预测方法

本章主要对煤层气储层渗透性的地震预测方法进行了探讨与研究。首先对煤层气储层渗透性的主要影响因素进行了分析和总结，然后分别对主控因素的地震勘探方法做了研究，最后提出将煤层气储层渗透率主要影响因素进行信息融合预测储层渗透性的方法。

5.1 煤层气储层渗透性主要影响因素

煤储层渗透性的影响因素非常复杂，应力状态、煤层埋深、煤的天然裂隙、煤体结构及煤级等都会在不同程度上对渗透率有影响。根据前人研究结果可将影响因素分为两大类，即：① 外部影响因素，包括地质构造作用、煤层埋深、构造应力及有效应力；② 内部影响因素，包括裂隙系统的发育、有机显微组分、煤岩类型、煤的变质变形程度、煤级、煤体结构、煤岩煤质特征等。这些因素对煤储层的渗透率均有不同程度的影响，一般表现为某一因素起主导的多因素的综合影响。一般来说起主导作用的一般为煤层割理和裂缝等内在因素，但在我国地质构造比较复杂，外部影响因素地应力对煤层气储层渗透率的影响也尤为显著[61]。

5.1.1 煤层气储层裂隙系统与储层渗透性的关系

煤层既是煤层气的源岩，又是其储集层，有着与常规天然气储层明显不同的特征。最重要的区别在于，煤储层是一种三元结构体系，由微基质孔隙（是煤层气的主要赋存空间，煤层气在该孔隙内的运移为扩散）、大基质孔隙（亦可作为煤层气赋存空间，煤层气在该孔隙内的运移为渗流）和裂隙（包括割理和外生裂隙，煤层气在该孔隙内的运移为渗流）组成。基质孔隙、割理和外生裂隙的大小、形态、孔隙度、渗透率和连通性决定着煤层气的储集、运移和产出。其中，尤其是煤储层大基质孔隙（即微米级孔隙）和裂隙系统（包括割理和外生裂隙）发育特征对中高煤级煤储层的渗透率起着至关重要的控制作用。煤层气储层是一种低孔、低渗透储层，煤层气要经过煤的各级孔隙和裂隙系统产出，因此，储层裂隙（缝）的发育程度是决定渗透率的主要因素。实验室煤样渗透率的测定也证明了一旦煤样的天然裂隙发育，渗透率就会很高，煤岩的类型、煤级和煤质等都起次要作用[99,100]。

5.1.2 地应力对储层渗透率的影响

地壳岩石中时时处处都存在内应力，这种赋存于地壳岩石中的内应力叫做地应力。它是由地壳内部的水平构造运动及其他因素而引起的介质内部单位面积上的作用力。地应力对煤储层渗透性的影响，其实质是通过使煤储层孔隙-裂隙结构发生变形，而使其渗透性发生变化。煤层气储层中构造裂隙的发育程度及展布方向与含煤盆地内部的构造位置和构造应力场分布和演化状态密切相关。构造应力对煤储层孔隙-裂隙系统的影响除了可以产生构造裂隙，并控制其发育程度和展布方向之外，还表现在它对煤层的原生割理及基质孔隙的发育和分布等方面的影响。地应力所产生的煤层次生裂缝对煤层渗透率的提高既有建设性作用，也有破坏性作用，即适度的断裂和褶皱可以增加煤层的割理密度，提高渗透率，反之则有可能破坏煤层气成藏[101,102]。叶建平对选自韩城、太行山东、鄂尔多斯东缘、沁水、红阳、淮南和铁法等多个聚气带和目标区样本的渗透率和原地应力的关系进行了分析，分析结果如图 5-1 所示[61]。

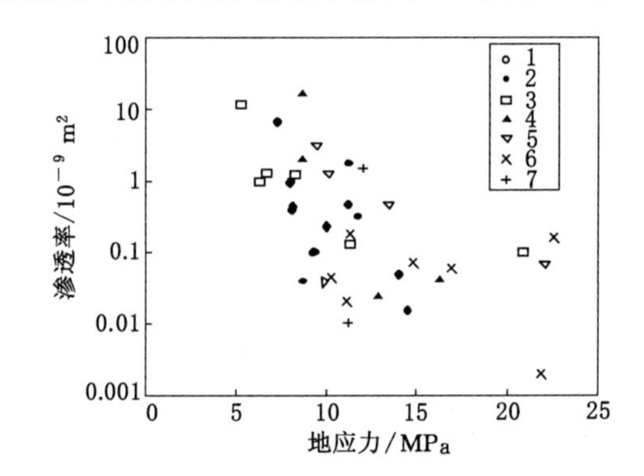

图 5-1　煤层气渗透率和原地应力关系[61]

1——太行山东；2——沁水；3——鄂尔多斯东缘；4——韩城；
5——淮南；6——红阳；7——铁法

从图 5-1 中可以看出渗透率和原地应力的负相关关系非常显著，随着地应力的增大，渗透率有明显减小的趋势。

5.2 煤层气储层裂缝 AVA 检测方法

煤的各向异性是由孔隙和微裂隙造成的，孔隙和微裂隙排布方向的优选程度决定了岩石的各向异性，通过对岩石样品进行显微分析和扫描电镜岩石微形貌的研究可以定性地说明裂隙和岩石各向异性的关系。纵波在岩石中传播时，传播方向由平行于裂隙方向变化到垂直裂隙方向时传播速度会由大变小，因此根据速度方向性的变化就有可能了解岩石的裂隙方向。图 5-2 和图 5-3 分别显示了实验室测定的不同围压下的煤样各向异性系数和声波波速变化情况[103]。

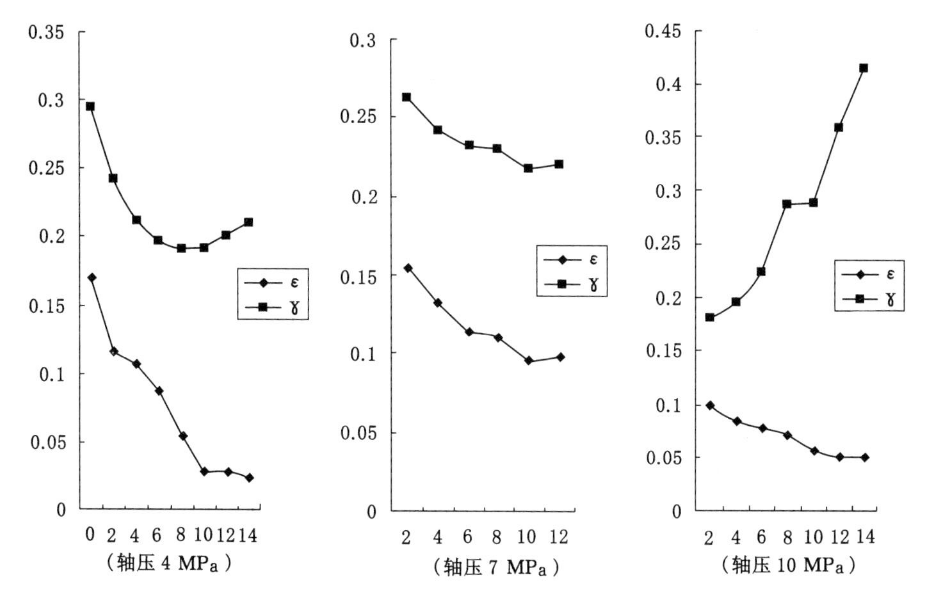

图 5-2 煤样各向异性系数与不同围压关系[103]

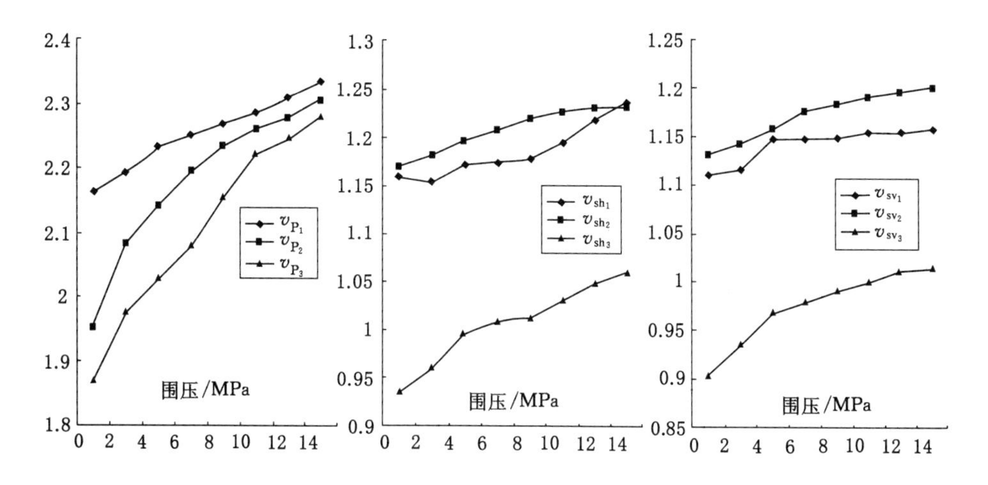

图 5-3 煤样 1 声波波速与不同围压关系[103]

图 5-2 的各向异性参数与围压关系图显示：各向异性参数随围压的增加呈单调减小的趋势，各向异性参数则随围压的增大呈先减小而后增大的趋势，这是因为煤样原来具有一定的平行层理的孔隙裂隙，在围压作用下，孔隙裂隙被压密闭合，从而使各向异性减小。图 5-3 显示围压内变化时被测煤样的声波速度是随着围压的增加而增大的，分析其原因是因为原煤样中具有一定的孔隙和裂缝，在围压的作用下孔隙和裂缝被压密闭合，从而导致声波速度增加。下面通过煤层气储层方位 AVO 的正演模拟来研究煤层气储层裂缝密度与方位 AVO 的关系。

5.2.1 煤层气储层方位 AVO 正演模拟

根据沁水盆地寺河井田煤系地层，山西组 3# 煤层为主要煤层气储层，建立图 5-4 所示的各向异性介质层状模型。第一层为第四系，第二层和第四层为各向同性砂质泥岩，第三层为煤层。具体模型参数如表 5-1 所示。

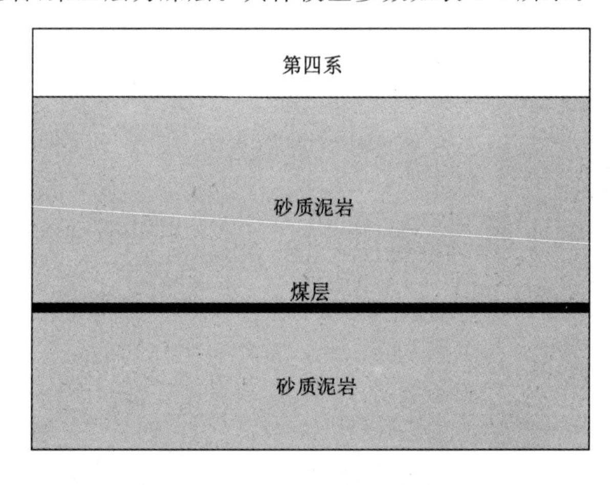

图 5-4 各向异性介质层状模型

表 5-1 层状各向异性介质模型参数

层数	岩性	纵波速度 /m·s^{-1}	横波速度 /m·s^{-1}	密度 /g·cm^{-3}	厚度 /m	各向异性系数		
						$\varepsilon^{(v)}$	$\delta^{(v)}$	$\gamma^{(v)}$
1	第四系	1 800	900	1.6	50	0	0	0
2	砂质泥岩	4 050	2 336	2.583	150	0	0	0
3	煤层	2 350	1 500	1.45	6	−0.056	−0.048	−0.119
4	砂质泥岩	4 050	2 336	2.583	100	0	0	0

在地应力的作用下煤层裂隙有可能形成一种平行的裂隙系统，可以将这类煤层等效为各向异性介质。HTI 各向异性煤层由于裂隙的存在，会使得地震波的传播速度在不同的方位存在差异；当裂隙的密度和裂隙中的流体发生变化时，地震响应也会相应地发生变化。方位 AVO(AVA)正演模拟通过分析 HTI 介质反射界面上的反射系数和入射角及方位角的变化关系，来研究最大振幅方位各向异性的特征。

HTI 介质的对称轴水平、各向同性面垂直，在其反射面内 P-P 波反射系数随着裂隙方位不同会呈现出方位各向异性。HTI 介质中 P-P 波反射振幅随方位角和入射角的变化关系如式(5.1)所示[104]：

$$R_{\mathrm{PP}}(i,\varphi)=\frac{1}{2}\frac{\Delta Z}{\bar{Z}}+\frac{1}{2}\left\{\frac{\Delta v_{\mathrm{P}}}{\bar{v}_{\mathrm{P}}}-\left(\frac{2\bar{v}_{\mathrm{S}}}{\bar{v}_{\mathrm{P}}}\right)^2\frac{\Delta G}{G}+\left[\Delta\delta^{(v)}+2\left(\frac{2\bar{v}_{\mathrm{S}}}{\bar{v}_{\mathrm{P}}}\right)^2\Delta\gamma^{(v)}\right]\cos^2(\varphi-\varphi_0)\right\}\sin^2 i$$
$$+\frac{1}{2}\left[\frac{\Delta v_{\mathrm{P}}}{\bar{v}_{\mathrm{P}}}+\Delta\varepsilon^{(v)}\cos^4(\varphi-\varphi_0)+\Delta\delta^{(v)}\cos^2(\varphi-\varphi_0)\sin^2(\varphi-\varphi_0)\right]\times\sin^2 i\tan^2 i \tag{5.1}$$

式中 i,φ——入射角，地震侧线方位角；

v_{P}、v_{S}——纵波速度、横波速度；

Z——纵波波阻抗，$Z=\rho v_{\mathrm{P}}$；

G——横波模量，$G=\rho v_{\mathrm{S}}$；

Δ——反射界面上、下介质参数差；

$\bar{v}_{\mathrm{p}}$——反射界面上、下介质纵波速度平均值；

$\bar{Z}$——反射界面上、下介质波阻抗平均值；

$\delta^{(v)},\varepsilon^{(v)},\gamma^{(v)}$——各向异性参数；

φ_0——HTI 介质对称轴与自定义方向夹角。

将通过式(5.1)计算的反射系数与地震子波褶积即可得到合成地震记录。正演时使用主频为 60 Hz 的雷克子波，采用射线追踪法分别对偏移距为 36 m、73 m、110 m、150 m、192 m 对应的入射角为 5°、10°、15°、20°、25°方位角变量为 0°～360°计算地震剖面。计算时只考虑纯纵波入射、反射和透射，不考虑介质吸收、多次波和转换波的情况。正演后获得的部分方位剖面如图 5-5 所示(偏移距为 150 m 时)。

计算各方位剖面煤层反射 P 波振幅最大值，计算结果如图 5-6 所示。

从图中可以看出：在入射角为 5°时煤层振幅最大值在各个方位角上基本没有变化；随着入射角的增大，振幅最大值的方位各向异性表现得越来越明显；在入射角为 25°的曲线上出现了畸变，分析其原因后认为这是因为煤层底板真实入射角已经超过了式(5.1)的适应范围造成的。正演结果说明正演模型存在方

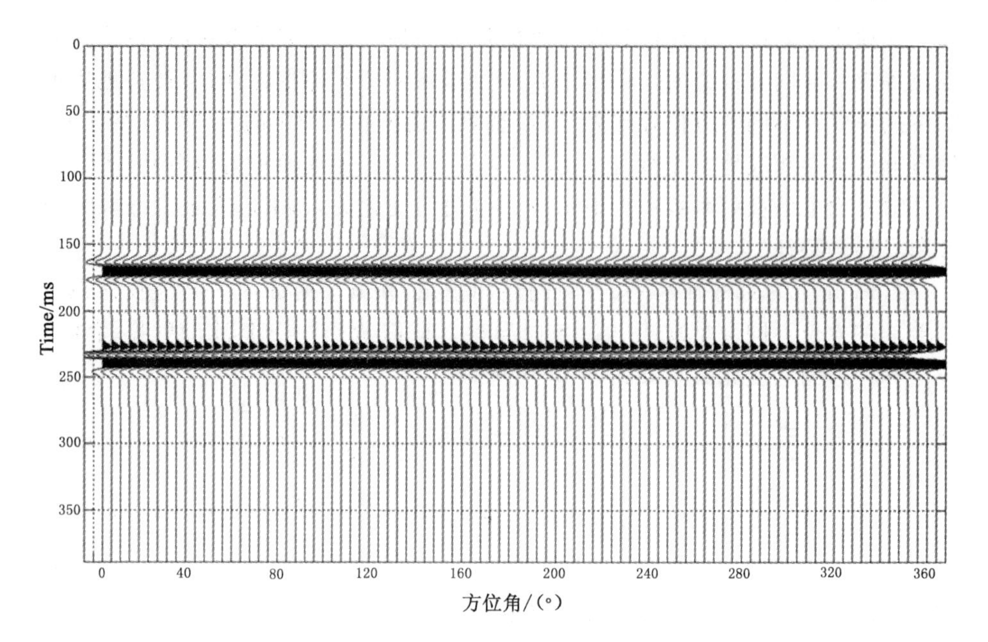

图 5-5 偏移距 150 m 的反射 P 波方位剖面

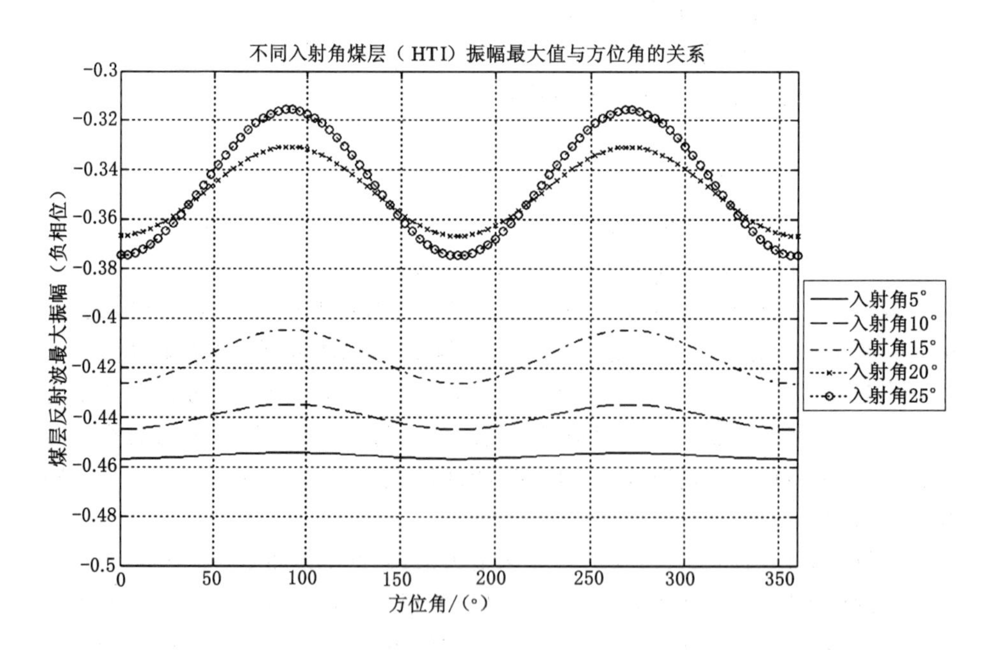

图 5-6 不同入射角煤层(HTI)振幅最大值与方位角的关系

位各向异性，但在入射角较小时（0°～5°）时煤层反射波最大振幅变化不大，各个方位上最大值与各向异性变化相比可以忽略；随着入射角的增大，煤层反射波最大振幅的变化也随之增大，方位各向异性越来越明显，可以利用P波方位AVA技术预测煤层的裂隙分布情况和裂隙密度。考虑在入射角过大（偏移距大）时受动校畸变的影响增大，而且煤层埋藏太浅时易与折射波干涉，有可能无法得到大偏移距的P波反射。

5.2.2 煤层气储层裂缝AVA检测方法

令HTI介质对称轴与自定义方向夹角为0°，入射角小于临界，则式（5.1）可以简化为：

$$R_{\mathrm{PP}}(i,\varphi)=\frac{1}{2}\frac{\Delta Z}{\bar{Z}}+\frac{1}{2}\left\{\frac{\Delta v_{\mathrm{P}}}{\bar{v}_{\mathrm{P}}}-\left(\frac{2\bar{v}_{\mathrm{S}}}{\bar{v}_{\mathrm{P}}}\right)\frac{\Delta G}{\bar{G}}+\left[\Delta\delta^{(v)}+2\left(\frac{2\bar{v}_{\mathrm{S}}}{\bar{v}_{\mathrm{P}}}\right)^{2}\Delta\gamma^{(v)}\right]\cos^{2}\varphi\right\}\sin^{2}i \tag{5.2}$$

将

$$\cos^{2}\varphi=\frac{1}{2}(1+\cos 2\varphi)$$

代入式（5.2）并对其整理后可得：

$$R_{\mathrm{PP}}(i,\varphi)=\frac{1}{2}\frac{\Delta Z}{\bar{Z}}+\frac{1}{2}\left[\frac{\Delta v_{\mathrm{P}}}{\bar{v}_{\mathrm{P}}}-\left(\frac{2\bar{v}_{\mathrm{S}}}{\bar{v}_{\mathrm{P}}}\right)^{2}\frac{\Delta G}{\bar{G}}\right]\sin^{2}i+\frac{1}{4}\left[\Delta\delta^{(v)}+2\left(\frac{2\bar{v}_{\mathrm{S}}}{\bar{v}_{\mathrm{P}}}\right)^{2}\Delta\gamma^{(v)}\right]\sin^{2}i+\frac{1}{2}(1+\cos 2\varphi)$$

记

$$M(i)=\frac{1}{2}\frac{\Delta Z}{\bar{Z}}+\frac{1}{2}\left[\frac{\Delta v_{\mathrm{P}}}{\bar{v}_{\mathrm{P}}}-\left(\frac{2\bar{v}_{\mathrm{S}}}{\bar{v}_{\mathrm{P}}}\right)^{2}\frac{\Delta G}{\bar{G}}\right]\sin^{2}i$$

$$N(i)=\frac{1}{4}\left[\Delta\delta^{(v)}+2\left(\frac{2\bar{v}_{\mathrm{S}}}{\bar{v}_{\mathrm{P}}}\right)^{2}\Delta\gamma^{(v)}\right]\sin^{2}i$$

则式（5.2）可以简化为：

$$R_{\mathrm{PP}}(i,\varphi)=M(i)+N(i)(1+\cos 2\varphi) \tag{5.3}$$

由式（5.3）可以看出，在入射角i不变的情况下，M仅与反射界面上、下层的岩性有关；N值由HTI介质的各项异性参数$\Delta\delta^{(v)}$和$\Delta\gamma^{(v)}$决定，而$\Delta\gamma^{(v)}$和$\Delta\delta^{(v)}$主要反映的是裂缝密度和裂缝流体。只要知道三个方位上的振幅就可以求解出裂缝方位角φ、岩性相关因子M和裂缝密度相关的综合因子N。对于每个共中心点（common midpoint）在定偏移距上的三个不同方位上的振幅为$A(\varphi)$、$A(\varphi+\varphi_1)$和$A(\varphi+\varphi_2)$，φ为第一个方位道集与裂缝走向之间的夹角，φ_1及φ_2分别为第二、第三方位道与裂缝之间的夹角，由式（5.2）可得到方程组：

$$\begin{cases} A(\varphi) = M + N[1 + \cos 2\varphi] \\ A(\varphi + \varphi_1) = M + N[1 + \cos 2(\varphi + \varphi_1)] \\ A(\varphi + \varphi_2) = M + N[1 + \cos 2(\varphi + \varphi_2)] \end{cases} \tag{5.4}$$

解上方程组得解为

$$\varphi = \frac{1}{2}\left\{\arctan\left[\frac{(A(\varphi) - A(\varphi + \varphi_2))\sin^2 \varphi_1 - (A(\varphi) - A(\varphi + \varphi_1))\sin^2 \varphi_2}{(A(\varphi - A(\varphi + \varphi_1))\sin \varphi_2 \cos \varphi_2 - (A(\varphi) - A(\varphi + \varphi_2))\sin \varphi_1 \cos \varphi_1}\right] \pm n\pi\right\}$$

$$n = 0,1,2,\cdots \tag{5.5}$$

对于 $\varphi_1 = \pi/4$ 和 $\varphi_2 = \pi/2$，即对于每一个 CMP 有一条纵测线、一条横测线和一条 45°测线的特殊情况，式(5.5)可以简化为：

$$\varphi = \frac{1}{2}\left\{\arctan\left(\frac{A(\varphi) + A(\varphi + \pi/2) - 2A(\varphi + \pi/4)}{A(\varphi) - A(\varphi + \pi/2)}\right) \pm n\pi\right\} \tag{5.6}$$

对于叠前地震资料采用不同炮检距(或叠加)计算，考虑为减小各段噪声，以叠加段、偏移段内道集数 N 等权平均，以得到最终该点(或叠加)的总裂缝方向。即：

$$\frac{1}{n}\sum_{i=1}^{n} A_i = \frac{1}{n}\sum_{i=1}^{n} M_i + \frac{1}{n}\sum_{i=1}^{n} N_i \cos 2\varphi \tag{5.7}$$

计算出所有炮检距(入射角)的裂缝方位 φ，即可以从式(5.4)计算 M 和 N。

5.2.3 煤层气储层裂缝密度 AVA 检测资料处理方法

用于储层裂缝 AVA 检测的三维地震数据，为了进行方位分析除前期进行常规的地震振幅处理工作外，还必须对原数据进行一些特殊的处理工作[105,106]。

5.2.3.1 宏面元的组合及新测网的形成

对三维采集覆盖次数较低的地区，为确保方位角选排之后每个方位角道集具有一定的叠加次数，必须进行宏面元组合。宏面元组合的目的是克服随机噪声、提高方位角叠加数据体的信噪比，有利于 AVA 处理结果的稳定性。煤层相对油气储层来说，埋藏较浅，煤层距新地层界面较近，当最大炮检距较大时，煤层反射波与新地层底界面反射波发生干涉，因而煤田采区地震勘探最大炮检距一般小于主要目的层深度，实行宽方位观测系统不容易。另外，煤田采区地震勘探主要目的是查明构造，叠加次数低，CDP 网格较小，一般为 10 m×10 m。为了避免炮检分布不均匀，保证各方位有足够密度的不同炮检距道集分布，必须通过扩大原 CMP 面元建立新的 CMP 宏面元。

宏面元抽取应考虑勘探区目的层倾角、上覆地层速度和反射波频率，在满足空间采样定理条件下选择宏面元。宏面元越大，不同入射角、方位角道较多，分

布趋于均匀，但随着宏面元变大，将产生空间假频干扰，达不到预期的地质效果。必须满足空间采样定理要求，即

$$\begin{cases} D_x \leqslant \dfrac{v_R}{8f_{max}\sin\theta_x} \\ D_y \leqslant \dfrac{\nu_R}{8f_{max}\sin\theta_y} \end{cases} \tag{5.8}$$

式中 D_x、D_y——纵、横向样点间隔；

v_R——均方根速度；

f_{max}——有效波最高频率；

θ_x、θ_y——纵、横方向上地震波入射到地面的角度，近似可用界面倾角 $\phi_x(\phi_y)$代替。

CMP宏面元的尺寸在满足空间采样条件下，选择应以调整方位-炮检距交会图不变最小尺寸为标准。具体方法是不断扩大原CMP道集尺寸，不断制作方位-炮检距交会图，直到交会点不变为止，该CMP尺寸为宏面元尺寸。

宏面元抽取完，当新测线、CDP号与原测线、CDP号相同时，新测线、CDP号不变，如4个面元形成的宏面元[图5-7(a)]；新测线、CDP号与原测线、CDP号不同时，根据新老测网关系重新编号，如9个面元形成的宏面元[图5-7(b)]。为了防止相邻宏面元间方位角 φ、M 和 N 畸变(常为马赛克)，相邻宏面元抽取时需要重合。

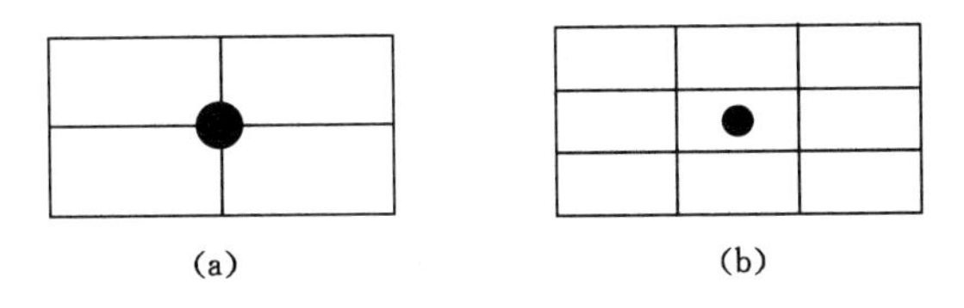

图5-7 不同面元形成的宏面元

(a) 4面元；(b) 9面元

5.2.2.2 剩余时差校正

由于宏面元是由原相邻多个面元组成的，相应的同相轴受动校速度横向变化的影响，组成CMP宏面元后，相邻面元道之间可能有一定的时差，或由于动校正速度分析的影响造成微量的时移，因此在裂缝分析之前需要进行剩余时差校正。剩余时差校正采用与模型道相干时移来实现。

5.2.2.3 方位道集

以正北为方位角参考方向，按顺时针方向，一定角度间隔在0°～180°将宏面元道集道分选成若干方位道集，各道集之间可以重复。具体如下：

(1) 利用每个数据道道头信息中炮点与检波点的坐标计算每个数据道的炮检方位，将大于 180°的方位角减去 180°，使方位角的值小于 180°，计算宏面元道集内所有道，就完成了宏面元地震道集按方位角分离。

(2) 根据地震道集方位角，按一定角度间隔(如 10°)进行分类，凡是道集中方位角在 0°～10°范围内道归入方位角为 5°道集，依此类推。有时为了保证方位角道集数据的稳定性及增加方位角上数据密度，扩大角度间隔，如道集中方位角在 0°～40°范围内道归入方位角为 20°道集。除了按方位角分类，还在方位分类基础上每个方位上按偏移距排列各道，这就形成方位道集。

5.2.2.4 方位角度道集

方位道集是在某一方位角上地震道记录随偏移距变化的，为了便于研究 AVA 响应，必须转化为地震道记录随入射角的变化，把经过这种变化形成的道集称为方位角度道集。由于地震记录反射不是一个点，而是一个面，这个面的大小由菲涅尔带大小决定的，所以说方位角度道集的形成常常不是某一入射角，而是某一入射范围内的叠加。

由偏移距来确定入射角，一般可采取射线追踪方法求入射角 θ，也可以根据目的层的深度与炮检距用直线法估算，即

$$\theta = \arctan[L/(2Z)] \tag{5.9}$$

式中 L——炮点与检波点之间距离；

Z——宏面元处反射波对应目的层深度。

对方位角道集内的地震道进行叠加或部分叠加，形成 6 个三维方位角叠加数据体。

5.2.2.5 开时窗

地震属性提取，总是针对某一反射波进行的。因此提取地震属性所面临问题是时窗的选取，时窗的好坏直接影响到所提取地震属性能否真实反映煤层性质。

时窗在时间轴上以起止时间来表示，在空间轴上的选取范围称为时窗宽度。时窗长度的选取原则是尽可能包含目的层反射波，而将干扰排除在外。反射波的波形简单，可以选得长一些；反射波的形态复杂，时窗长度就得选短一些。

5.2.2.6 提取地震属性

(1) 煤层反射波能量 E

由于煤层形成复合波，目的煤层对应于第一个正相位。反射波能量 E 是指正相位反射波能量，即图 5-8 中阴影部分面积均方根。即

$$E = \sqrt{\sum_{i=1}^{n} A_i^2 / n} \tag{5.10}$$

式中 A_i——煤层反射波正相位第 i 个采样点的振幅值；

n——煤层反射波时窗正相位采样点总数。

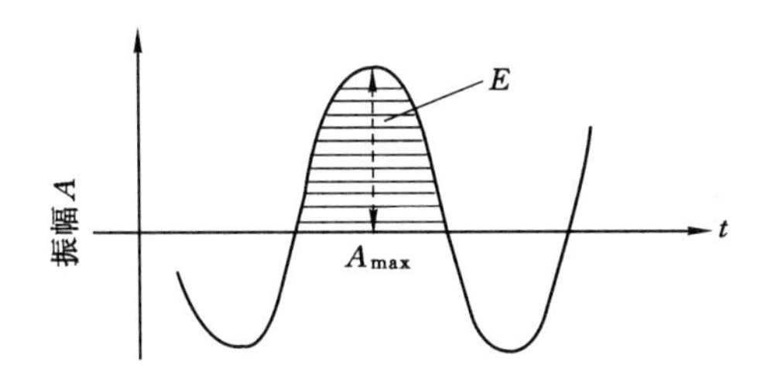

图 5-8 时间域地震属性

(2) 煤层反射波最大振幅 A_{max}

煤层反射波时窗内正相位振幅最大值。

(3) 地震包络

因为地震道记录了介质质点的振动，这种振动具有动能和势能。而用速度检波器接收到的地震信号是记录质点振动速度的，它反映了质点动能变化，把地震道看作解析信号 $R(t)e^{iQ(t)}$，也就是由实数 $y(t)$ 和虚数 $y^*(t)$ 两部分组成，实际地震道是这复地震道的实数部分，反映动能的变化情况，与实地震道正交的道是虚地震道反映势能变化。复地震道与实际地震道、虚地震道之间关系为

$$\begin{cases} y(t) = R(t)\cos Q(t) \\ y^*(t) = R(t)\sin Q(t) \end{cases} \tag{5.11}$$

式中 $y(t)$——实际地震记录；

$y^*(t)$——虚地震道；

$R(t)$——复地震道的瞬时振幅；

$Q(t)$——复地震道的瞬时相位。

$R(t)$ 是复地震道的瞬时振幅，以瞬时振幅为参数所作的剖面反映包括动能和势能的反射地震波强度，它的动力学特征比实际地震记录动力学特征更说明问题，更适合地震横向预测[129]。计算瞬时振幅采用希尔伯特变换，由于计算地震包络时窗要大，在处理实际资料时窗长度为 33 ms，求出瞬时振幅最大值 R_{max} 与瞬时振幅均方根 E_R，其计算方法同 A_{max} 和 E 方法一样。在时窗内 $R(t)$ 最大值 R_{max}、E_R 不一定与地震道最大值 A_{max} 和均方根能量 E 一致，它们均不为负值。本节以后所指振幅均是指地震包络最大值。

5.2.2.7 方位角度道集归一化

图 5-9(a) 为同一宏面元两个方位角度道集中振幅随入射角变化的曲线。从图中看出，在同一个 CMP 中两条振幅随偏移距并不一致，随入射角变大而不断

减小时，即垂直入射时，这与来自不同方向反射应为同一反射点，AVOA 的振幅收敛于同一值。为了保证垂直入射时 AVOA 曲线收敛到同一振幅值，必须将各方位 AVOA 响应归一化到它的垂直入射 P 波振幅上。

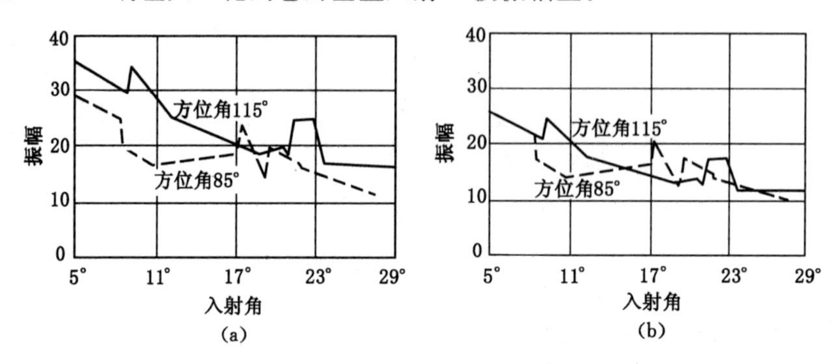

图 5-9 同一宏面元不同方位角道集振幅与入射角关系

(a) 未归一化道集；(b) 归一化道集

(1) 在宏面元中所有方位角度道集提取垂直入射地震道进行叠加，计算垂直入射叠加道包络。

(2) 通过垂直入地震包络除以宏面元中各方位道集的垂直入射地震道的包络，得到每个方位角度道集的归一化系数 $N_i(i=1,2,L,m)$。

(3) 每个方位角度道集乘以该方位角度道集中道的归一化系数 N_i，这样就得到经过归一化的方位角度道集，如图 5-9(b)所示。

图 5-10 的(a)和(b)分别显示了未归一化和归一化以后的宏面元叠加道集与方位角的拟合关系，从图中可以看出经方位角度道集归一化处理，拟合均方根误差有了显著减小。

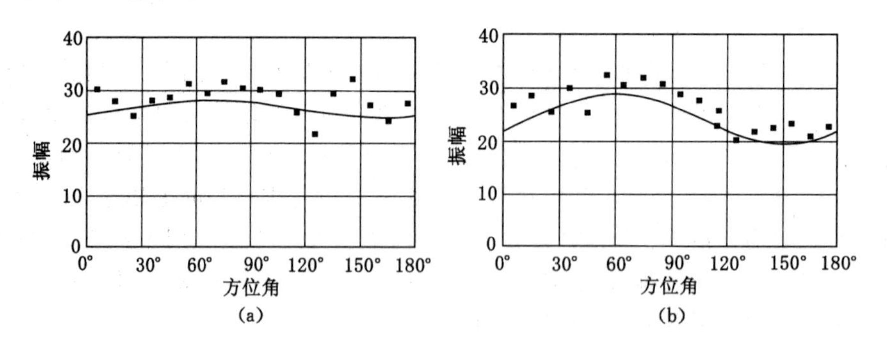

图 5-10 宏面元叠加道集与方位角道集拟合关系

(a) 未归一化方位角道集(均方根误差 10.3)；(b) 归一化后方位角道集(均方根误差 8.3)

5.3 原地应力计算方法

原地应力是指地层岩石没有经过人工开挖或扰动前的天然应力，主要由上覆岩层压力、构造应力和热应力三部分组成[107,108]。热应力是由温度变化在岩体内部引起的内应力增量，本书中没有考虑这一应力，仅对上覆岩层压力和构造压力的计算方法进行了探讨。

5.3.1 上覆岩层压力计算方法

上覆岩层压力指由上覆岩层的重力所产生的压力，可以通过式(5.12)进行计算：

$$\sigma_v = \int_0^H \rho(h) g \mathrm{d}h \tag{5.12}$$

式中 H——上覆地层总厚度；

g——重力加速度；

$\rho(h)$——不同深度时的地层密度。

由式(5.12)可以看出上覆地层压力的大小主要取决于上覆岩层的厚度和体积密度，不同岩性或相同岩性不同的压实程度都会导致体密度的不同。如何精确计算上覆地层的体积密度是计算上覆岩层压力的关键问题。在实际应用中可以将式(5.12)简化为：

$$\sigma_v = \bar{\rho} g H \tag{5.13}$$

式中 H——上覆地层总厚度；

$\bar{\rho}$——上覆地层平均密度，可以通过测井资料和三维地震资料获得。

5.3.2 构造应力计算方法

使用式(5.13)所示的基于曲率分析的构造应力场计算公式来计算构造应力[109]：

$$\begin{cases} \sigma_x = \dfrac{Et}{2(1-\nu^2)}(k_x + \nu k_y) \\ \sigma_y = \dfrac{Et}{2(1-\nu^2)}(k_y + \nu k_x) \\ \tau_{xy} = \dfrac{Et}{2(1+\nu)}k_{xy} \\ \sigma_{\max} = \dfrac{\sigma_x + \sigma_y}{2} + \sqrt{\left(\dfrac{\sigma_x - \sigma_y}{2}\right)^2 + \tau_{xy}^2} \\ \alpha = \arctan \dfrac{\sigma_{\max} - \sigma_x}{\tau_{xy}} \end{cases} \tag{5.14}$$

式中 σ_x、σ_y——分别为 x,y 方向的应力；

E——杨氏模量；

ν——泊松比；

t——地震波旅行时,单位 s；

k_x,k_y,k_{xy}——三个不同方向的曲率；

$\sigma_{\max}$——要计算的构造应力；

α——构造应力与 x 轴方向的夹角,代表应力的方向。

由式(5.13)可知,只要知道某点处的曲率、地震波旅行时、杨氏模量和泊松比就可以计算出该点的构造应力。在实际应用中,时间 t 可以从地震记录中直接读取;杨氏模量值可以通过测井获得,如果没有杨氏模量的测井资料,可以使用纵、横波速度和密度参数通过式(5.14)计算获得：

$$E = \frac{\rho\nu_s^2(3\nu_p^2 - 4\nu_s^2)}{\nu_p^2 - \nu_s^2} \times 10^{-6} \tag{5.15}$$

在获得钻井处的杨氏模量后,参照叠后波阻抗反演时速度建模的方法获得整个勘探区的杨氏模量值。曲率通过基于曲面拟合的方法计算获得,以 3×3 的曲面网格为例,要计算某一点的曲率,先通过该点及其周围 8 个网格点的数据值拟合二维曲面,拟合后的二维曲面以一个二次方程表示：

$$z(x,y) = ax^2 + by^2 + cxy + dx + cy + f \tag{5.16}$$

以图 5-11 中所示的 z_5 点为例,使用差分方法对导数做逼近后可以将式(5.15)中的系数表示为：

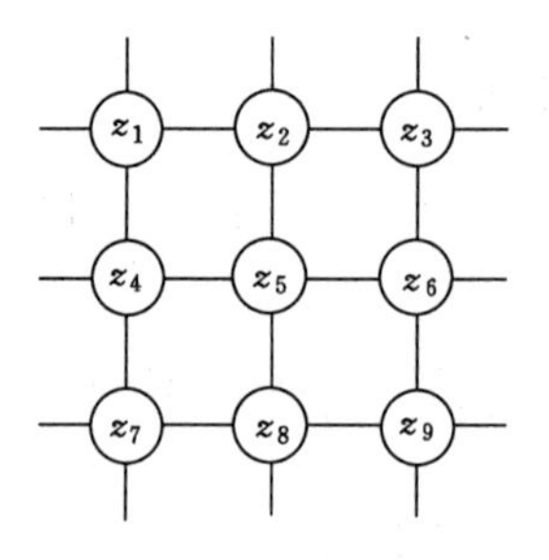

图 5-11　3×3 的曲面网格

$$
\begin{cases}
a = \dfrac{1}{2}\dfrac{\mathrm{d}^2 z}{\mathrm{d}x^2} = \dfrac{z_1 + z_2 + z_3 + z_7 + z_8 + z_9}{12\Delta x^2} - \dfrac{z_4 + z_5 + z_6}{6\Delta x^2} \\
b = \dfrac{1}{2}\dfrac{\mathrm{d}^2 z}{\mathrm{d}y^2} = \dfrac{z_1 + z_3 + z_4 + z_6 + z_7 + z_9}{12\Delta x^2} - \dfrac{z_2 + z_5 + z_8}{6\Delta x^2} \\
c = \dfrac{1}{2}\dfrac{\mathrm{d}^2 z}{\mathrm{d}x\mathrm{d}y} = \dfrac{z_3 + z_7 - z_1 - z_9}{4\Delta x^2} \\
d = \dfrac{\mathrm{d}z}{\mathrm{d}x} = \dfrac{z_3 + z_6 + z_9 - z_1 - z_4 - z_7}{6\Delta x^2} \\
e = \dfrac{\mathrm{d}z}{\mathrm{d}y} = \dfrac{z_1 + z_2 + z_3 - z_7 - z_8 - z_9}{6\Delta x^2} \\
f = \dfrac{2(z_2 + z_4 + z_6 + z_8) - (z_1 + z_3 + z_7 + z_9) + 5z_5}{9}
\end{cases}
\tag{5.17}
$$

式中 $z_1 \sim z_9$ 为图 5-11 中所示的各个结点处的地震记录值，Δx 为各结点之间的距离。由此可以计算出三个不同方向的曲率分别为：

$$
\begin{cases}
k_x = -\dfrac{\mathrm{d}^2 z}{\mathrm{d}x^2} = -2a \\
k_y = -\dfrac{\mathrm{d}^2 z}{\mathrm{d}y^2} = -2b \\
k_{xy} = -\dfrac{\mathrm{d}^2 z}{\mathrm{d}x\mathrm{d}y} = -2c
\end{cases}
\tag{5.18}
$$

5.4 煤层气储层渗透性预测方法

煤层气储层渗透率的影响因素很多，并且各种因素相互影响，预测渗透率时需综合考虑。本书结合地应力和裂缝密度两个重要因素对煤层气储层的渗透性做定性预测，将储层的渗透性划分为高渗透性区、低渗透性区和中等渗透性区三种类型。

在其他地质条件一致时，地应力较高的地区渗透率会相对低，而地应力较低的地方渗透率相对会高；相反当储层裂缝密度较大时渗透率会相对较高，而裂缝密度较小时储层渗透率也会变小。综合考虑地应力和裂缝密度，在实际应用中对地应力信息和裂缝密度信息进行融合，然后按表 5-2 所示决策规则对储层的渗透性做出预测。

表 5-2 渗透性预测决策规则

渗透性（裂缝密度 \ 地应力）	高	中	低
高	中	高	高
中	低	中	高
低	低	低	低

在实际处理时，可以将各 CDP 点处的地应力和孔隙密度按以下规则进行设置：地应力高时取值为 1，地应力中等时取值为 2，地应力较低时取值为 3；裂隙密度高时取值为 3，裂隙密度中等时取值为 2，裂隙密度较小时取值为 1。然后将各点处地应力和裂缝密度的取值直接相加，相加结果取值为 5 和 6 的判定为高渗透性区，结果取值为 4 的判定为中等渗透性区，结果取值为 2 和 3 的则为低渗透性区。

由于储层渗透率受多种地质因素的综合影响，精确确定储层渗透率大小比较困难，因此本书仅对储层渗透率进行了定性分析而不是定量分析，最终预测结果仅分为高渗透性区、低渗透性区和中间区三种类型。

6 高丰度煤层气富集区地震预测方法研究及应用

现有的煤层气储层特性地震反演大多方法单一，对地质评判标准理解不够，不确定性不易解决，精度也有待于提高。一方面高丰度煤层气富集区地震识别信息较多，它们与关键地质参数的映射关系复杂，必须参用地震多信息融合方法，另外一方面地震勘探方法本身具有多解性和明显的不确定性，因此也需要提出一个很好的理解地质评判标准来模拟专家思想与思维过程。本章在前几章提出的煤层气储层含气量和渗透性预测的基础上，提出按三层次进行高丰度煤层气富集区地球物理信息融合的方法，形成了高丰度煤层气富集区地震预测方法，并将该方法应用于沁水盆地某勘探区区煤层气开采实验区。

6.1 高丰度煤层气富集区地震预测方法研究

6.1.1 高丰度煤层气富集区地震预测方法

如何将高丰度煤层气富集区的关键地质参数与煤层气储层的地震响应建立映射关系是煤层气地震勘探的关键问题之一。在研究了高丰度煤层气富集区主控地质因素和煤层气地球物理响应的基础上，本书提出如图 6-1 所示的高丰度煤层气富集区地震预测方法。

6.1.2 三层次高丰度煤层气富集区地球物理信息融合方法

如图 6-1 所示，本书提出了按三层次进行高丰度煤层气富集区地球物理信息融合的方法。

6.1.2.1 含气量与煤厚信息融合

在第二章的分析中可以看出含气量和煤厚是高丰度煤层气富集区资源条件的两个重要影响因素。这两个影响因素所起的作用同等重要，息融合后按表6-1所示的决策规则对资源条件进行预测。

煤层厚度的划分标准在不同的区域会有所不同。根据研究区煤厚分别情况，本书将煤厚大于 3 m 的划为厚煤层，煤厚小于 1 m 的为薄煤层，煤厚在 1～3

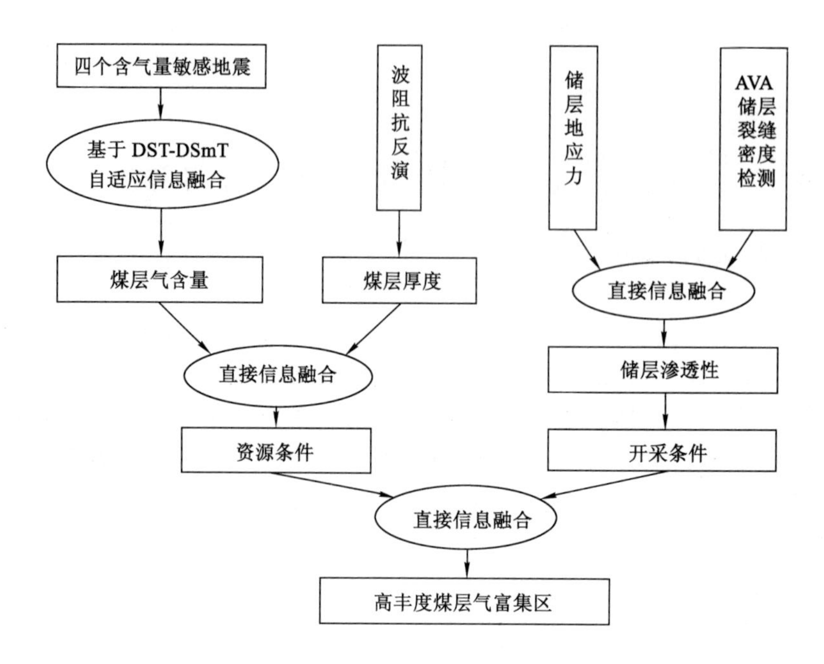

图 6-1 高丰度煤层气富集区地震识别模式

m 之间为中等厚度。

表 6-1 资源条件预测规则

资源条件 含气量＼煤厚	厚	中	薄
高	好	好	中
中	好	中	差
低	中	差	差

6.1.2.2 裂缝密度与地应力融合

裂缝密度与地应力的融合方法在 5.4 节中做了详细介绍，依据对储层渗透性的预测结果，将高渗透性区确定为开采有利区，低渗透性区确定为开采不利区，中等渗透性区确定为开采条件中等区。

6.1.2.3 资源条件与开采条件信息融合

因为高丰度煤层气富集区是资源条件和开采条件的叠合区，因此在对高丰度煤层气富集区的预测时需要将资源条件与开采条件信息进行融合。依据煤层气开采的实际情况，将资源条件、开采条件都为有利区和资源条件为有利区、开采条件为中等区的预测为高丰度煤层气富集有利区；将资源条件、开采条件都为不利区和资源条件为不利区、开采条件为中等区的预测为高丰度煤层去富集不利区；其他情况预测为中等区。

6.2 高丰度煤层气富集区地震预测方法应用

6.2.1 研究区基本情况

6.2.1.1 勘探区范围

本次研究的三维地震数据体勘探区边界如图 6-2 所示。勘探区面积约为 6.0 km^2，Inline 号从 19 到 343，共 325 条线，CDP 号从 100 到 1 300 共 1 201 条线。勘探区的面元大小为 10 m×5 m。

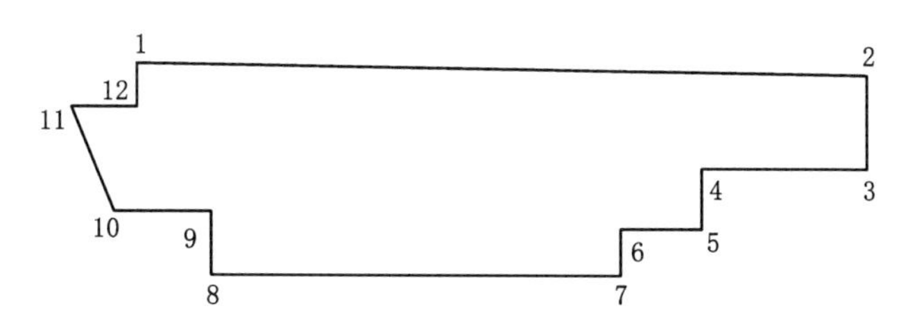

图 6-2 勘探区勘探边界

6.2.1.2 煤层概况

勘探区的含煤地层为石炭系的上统太原组（C_3t）和二叠系的下统山西组（P_1s），含煤地层平均厚度 147.44 m，共含煤层 15 层，平均厚度 12.58 m，平均含煤系数 8.5%。本区主要可采含煤为山西组 3# 煤层和太原组 15# 煤层。

6.2.1.3 瓦斯地质概况

该煤矿主采 3 号煤层，该区为高瓦斯矿井，煤层原始的瓦斯含量高达 16.6 m^3/t 以上。

6.2.2 煤层气储层含气量值分布预测

6.2.2.1 研究区煤层气含量敏感地震属性提取

研究区共有煤层气含量钻孔 10 个，其具体位置及煤层气含量值如表 6-2 所示。

表 6-2 勘探区煤层气含量钻井

井编号	Inline	Xline	含气量/$m^3 \cdot t^{-1}$
1001	244	265	18.9
1002	216	400	7.97
1003	190	710	13.39
1004	185	1212	10.27
1005	185	1 038	12.66
905	330	914	15.45
906	326	1 058	25.7
907	330	1 221	18.8
115	185	874	25.5
1102	34	543	5.39

提取井旁地震道的对煤层气含量比较敏感地震属性(依据第 3 章中正演结果优选出的地震属性),将这些地震属性与钻井实测煤层气含量值做相关分析,依据相关分析结果最终优选出 4 种地震属性值作为煤层气含量预测的融合信息源。表 6-3 显示了井旁地震属性和钻井实测煤层气含量值相关系数。

表 6-3 井旁地震属性与钻孔实测煤层气含量值相关系数

	主频	带宽	RMS	瞬时频率	瞬时相位
相关系数	−0.423 0	0.217 0	0.212 5	0.024 6	0.255 1

从表 6-3 中可以看出,煤层气含量值和主频属性值呈负相关关系,与前面所做的理论分析和井下原位测试的结果吻合较好。但总体来看井旁地震属性和钻孔实测煤层气含量值关系不明确,相关系数和第三章中正演模型提取的地震属性与煤层气含量值相关系数相比明显偏低。这主要是因为实测的地震数据和正演数据相比信噪比较低,同时实测数据的地震属性要受到多种地质因素的综合影响。由此也可以看出单纯地使用一种地震属性无法准确地预测煤层气含量值。根据井旁地震道与钻井实测煤层气含量值的相关系数大小,最终选定均方根振幅、主频、频带宽度和瞬时相位 4 种地震属性作为研究区煤层气含量值敏感地震属性。图 6-3 为 4 种地震属性分布图。

6.2.2.2 地震属性基本可信度分配

依据第 4 章 4.4 节中所示方法,对待融合地震属性进行基本可信度分配,并对基本可信度分配后的地震属性使用融合结果决策规则获得单一地震属性预测

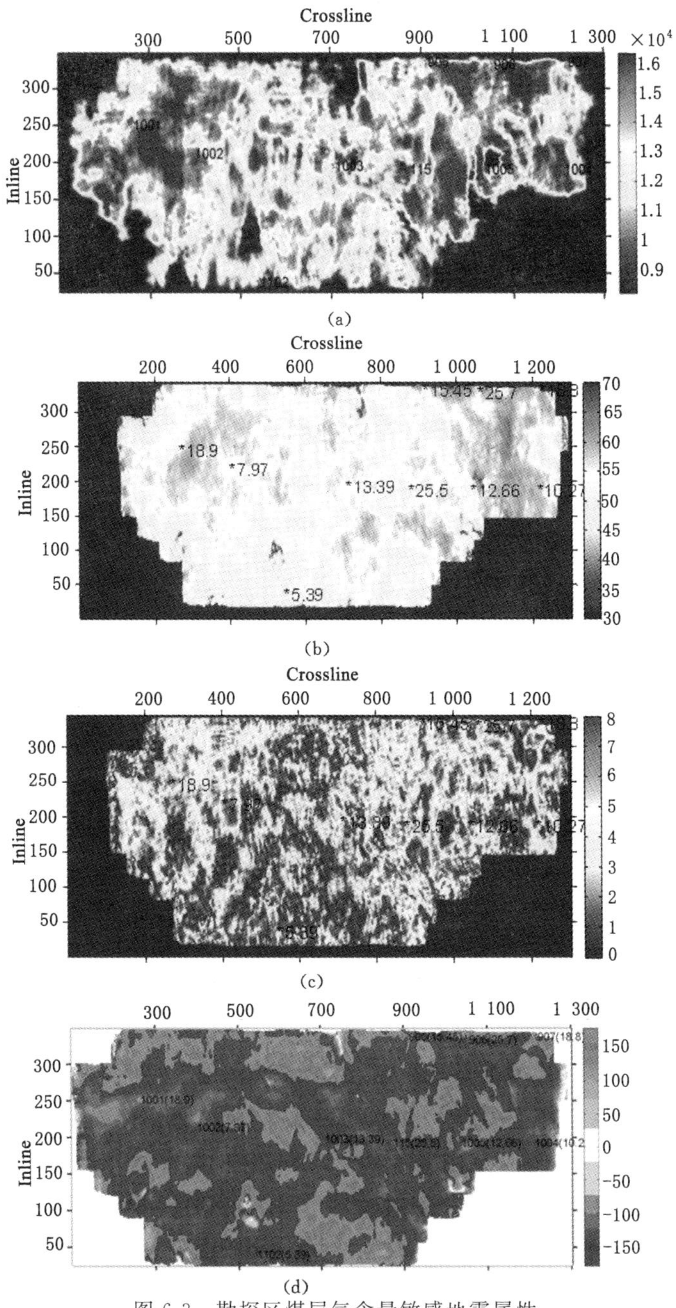

图 6-3 勘探区煤层气含量敏感地震属性

(a) 均方根振幅;(b) 主频;(c) 频带宽度;(d) 瞬时相位

(* 号处标注的为钻孔实测煤层气含量值,单位 m^3/t)

煤层气储层含气量结果。图 6-4 为使用单一地震属性对勘探区煤层气储层含气量进行预测的结果。

从图 6-4 中可以看出四种单一的地震属性预测出的煤层气含量值分布情况有很大的差异,和钻孔实测煤层气含量值误差较大,这说明使用单一的地震属性来预测煤层气含量值具有多解性和不确定性,预测结果误差较大。

6.2.2.3 多地震属性融合结果

将上述的 4 种煤层气含量值敏感地震属性基于 DST-DSmT 自适应信息融合方法进行融合,并依据决策规则对勘探区煤层气储层的含气量进行预测,预测结果如图 6-5 所示。

图 6-6 为勘探区经钻孔实测煤层气含量值插值而得到的煤层气含量等值线图。对比图 6-4、图 6-5 和图 6-6 可以看出,经过地震多属性融合后的预测结果与钻孔实测煤层气含量值吻合较单一属性的预测结果更好,说明本书提出的基于 DST 和 DSmT 自适应信息融合的多地震属性融合减少了单一地震属性预测煤层气含量值的不确定性和多解性,有效地提高了预测精度。

6.2.3 勘探区煤层厚度分布预测

利用测井约束反演的数据预测煤厚,可以综合利用测井数据的高分辨率和地震数据的横向采样密集性,大大提高煤厚的预测精度,获得比较精细的煤厚分布图。本勘探区内有 11 口井具有测井资料,含有电阻率曲线、自然伽玛、人工伽玛测井、自然电位、体积密度、纵波速度曲线和声波时差等测井资料。利用测井约束地震反演可以得到高分辨率波阻抗剖面,根据煤层与顶底板的波阻抗差异追踪煤厚变化,对研究区内的煤层连续性进行分析,完成对该区主采煤层 3# 煤厚度的精细解释。

勘探区内煤厚预测结果如图 6-7 所示,从图中可以看出该勘探区煤层分布稳定,煤厚在整个区域变化不太大。钻孔实测煤层气含量值最高的 115 井所在的位置,是整个勘探区中煤层最厚的地方。

6.2.4 高丰度煤层气富集区资源条件预测

依据 6.1.2 节中介绍的煤厚和煤层气储层含气量信息融合及决策规则,对勘探区高丰度煤层气富集区资源条件预测结果如图 6-8 所示。因为本区中煤层厚度分布比较稳定,从图中可以看出加煤厚信息和没有加煤厚信息的预测结果变化不大,加了煤厚以后的预测结果在钻孔处和实测的煤层气含量值吻合稍好一些。

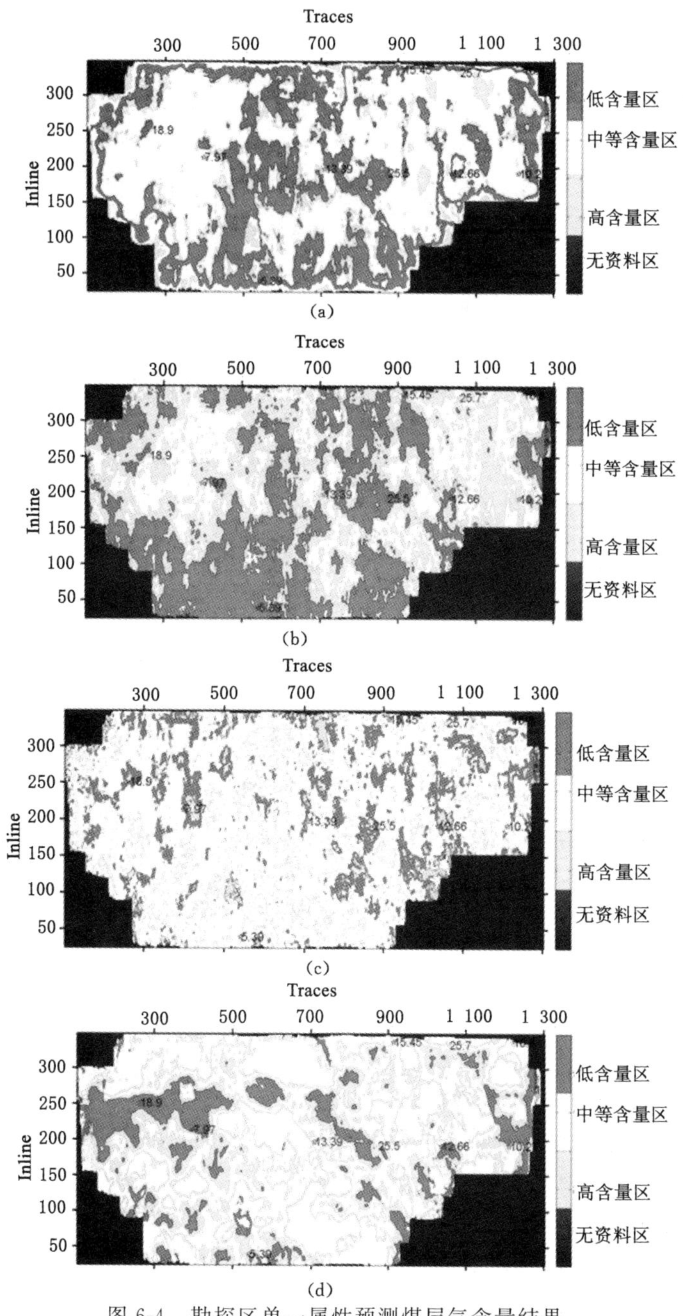

图 6-4 勘探区单一属性预测煤层气含量结果

(a) 均方根振幅;(b) 主频;(c) 频带宽度;(d) 瞬时相位

(* 号处标注的为钻孔实测煤层气含量值,单位 m^3/t)

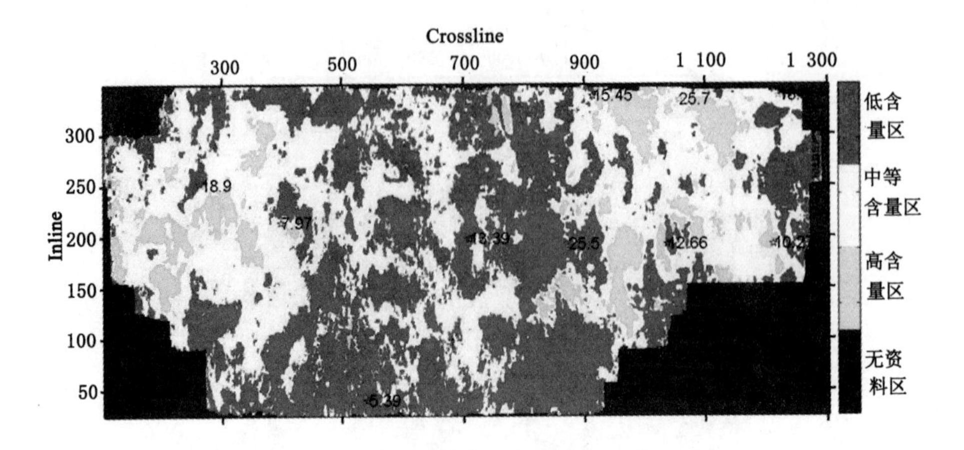

图 6-5 多属性融合预测煤层气含量结果

（＊号处标注的为钻孔实测煤层气含量值，单位 m^3/t）

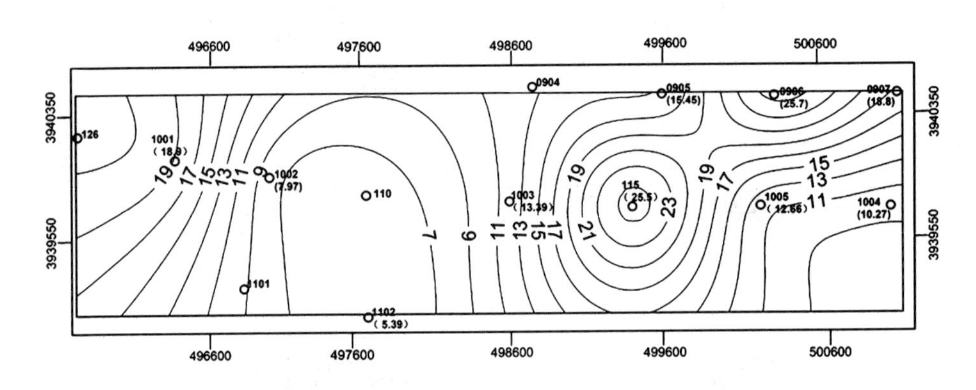

图 6-6 勘探区钻孔实测煤层气含量插值等值线

6.2.5 煤层气储层渗透性预测

6.2.5.1 煤层气储层裂缝 AVA 检测

本区三维地震数据采集时采用 8 线 8 炮束状观测系统，观测系统参数如下：

叠加次数：24 次；

接收线数：8 条；

总接收道数：8×48＝384；

接收线距：40 m；

接收道距：10 m；

横向炮距：20 m；

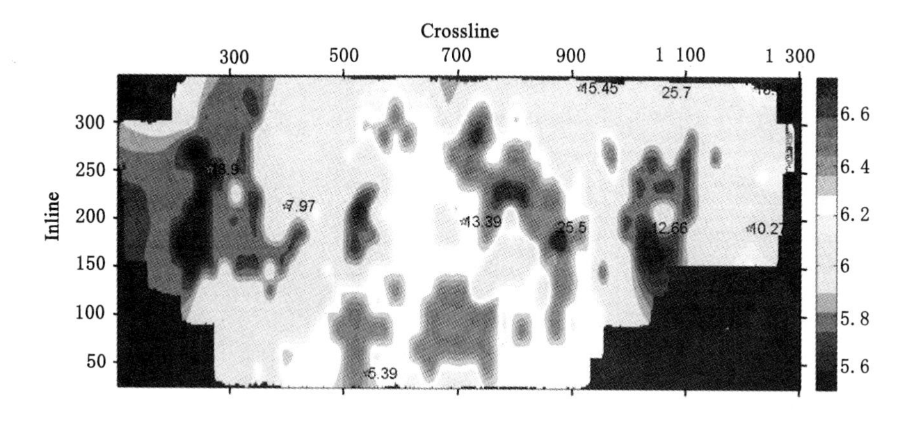

图 6-7 勘探区煤厚分布图

（*号处标注的为钻孔实测煤层气含量值，单位 m^3/t）

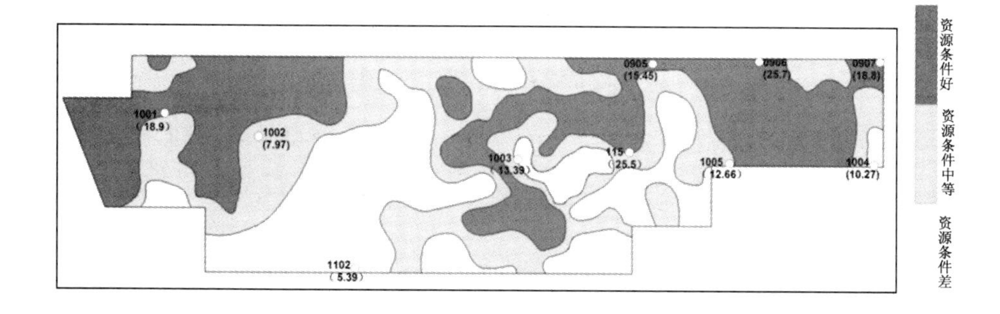

图 6-8 煤层气资源条件预测结果

纵向炮距：80 m；

横向最小偏移距：10 m；

横向最大炮检距：290 m；

纵向最小偏移距：80 m；

纵向最大炮检距：570 m；

CDP 网格：5 m×10 m。

根据本区的地质资料，分析地震资料处理与解释成果可知本区有效波最高频率为 70 Hz，均方根速度为 3 500 m/s，地层倾角不大于 11°，经计算可知只要采样间隔不大于 32.755 m，CMP 宏面元的尺寸不大于 30 m×30 m，即可满足空间采样定理。本区目的煤层地下反射界面比较平缓、构造相对简单，经分析和研究后决定采用相邻 9 个 CMP 面元道集进行宏面元组合，形成 288 次的超

CMP 道集。图 6-9 为 9 个面元组成的实际宏面元方位角和炮检距分布示意图，从图中可以看出 9 个面元组成的实际宏面元方位角主要集中在 75°～135°之间。原地震资料的 CDP 网格为 5 m×10 m，宏面元大小为 30 m×30 m，满足空间采样要求。

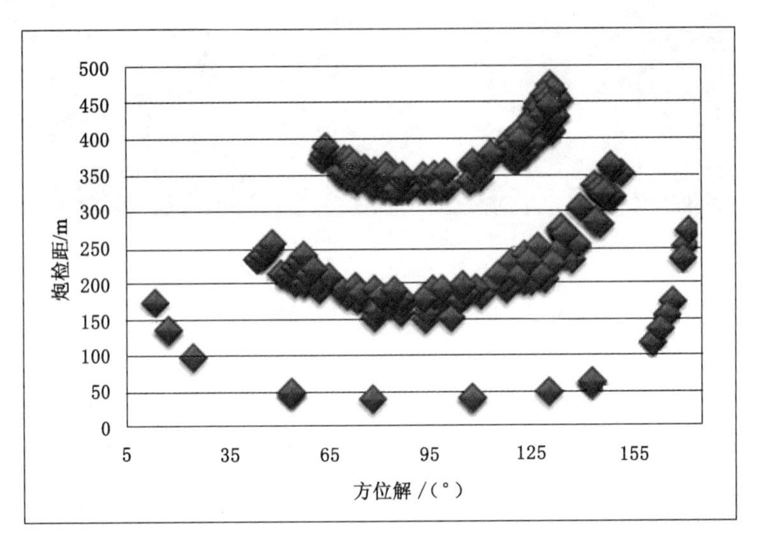

图 6-9 9 个面元组成的实际宏面元方位角和炮检距分布示意图

为减小组成宏面元的多个面元之间由于受动校正速度横向变换的影响存在的时差和受动校正速度分析影响造成的微量时移，在做 AVA 之前先采用与模型道相干时移的方法对资料做剩余时差校正。图 6-10 和图 6-11 中分别显示了剩余时差校正前和后的方位道集。

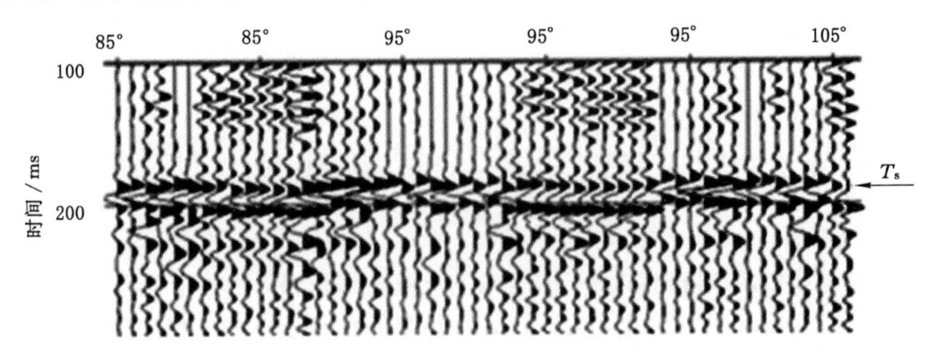

图 6-10 剩余时差校正前宏面元方位道集

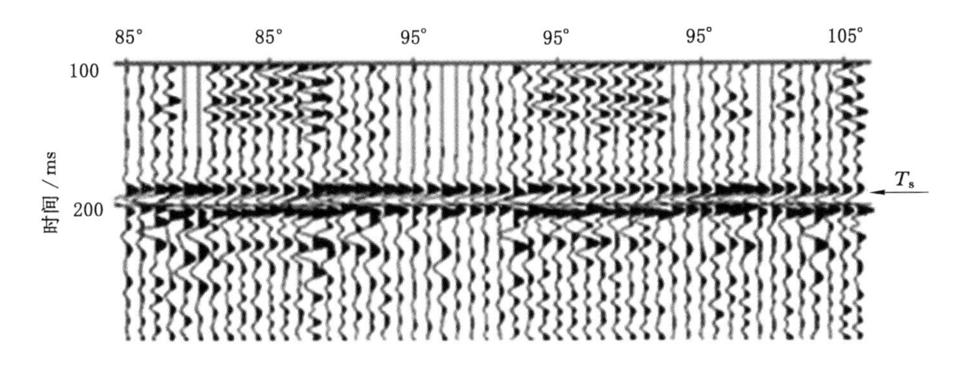

图 6-11 剩余时差校正后的宏面元方位道集

依照第 5 章 5.2 节中所述方法和步骤,对叠前三维地震资料的处理,可以得到平均振幅 M、振幅随炮检距变化量 N 和裂缝方向 φ。振幅随炮检距的变化量 N 的大小决定了裂缝的发育程度:N 值越小,说明平行于裂缝方向与垂直于裂缝隙方向的地震观测振幅差异小,方位各向异性不明显,裂缝不发育;反之,振幅相对差异越大,即 N 值越大,则表示平行于裂缝方向与垂直于裂缝方向的地震观测振幅差异大,方位各向异性明显,裂缝发育。φ 表示裂缝的走向,裂缝方位以正西方向为参考方位。在利用振幅变量 N 进行裂缝密度分析时,需要结合平均振幅 M 的值进行分析:N 的值小,平均振幅 M 的值大,则裂缝发育好;反之则表示裂缝不发育。为消除平均振幅大小对预测结果的影响,可取 N/M 作为裂缝密度直接指示。由于无法对 N/M 进行标定,因此该预测仅代表目的层内裂缝的相对发育大小。图 6-12 为勘探区 3# 煤层裂缝方位及相对密度平面图。

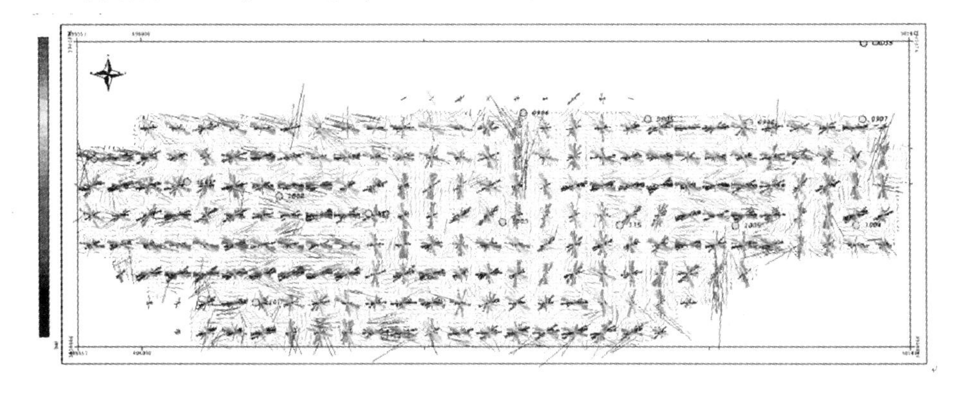

图 6-12 3# 煤层裂缝方位与相对密度平面图

根据实际应用需求,将勘探区储层裂隙密度依据图 6-12 中的预测结果划分为裂隙密度高、低和中等三个等级，划分结果如图 6-13 所示。

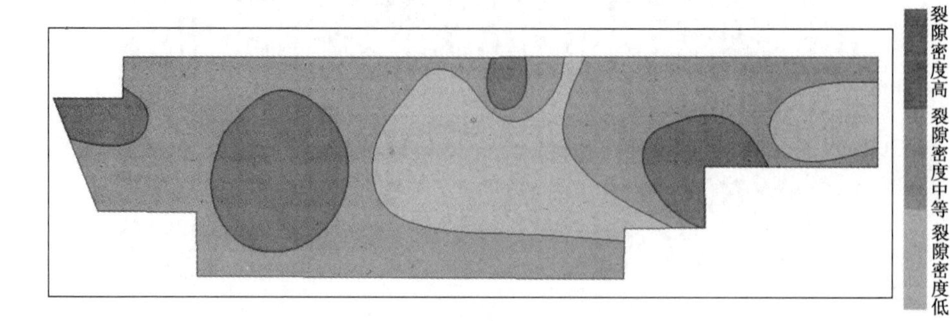

图 6-13 煤层气储层裂缝密度预测结果

6.2.5.2 地应力计算

因本区煤层埋深较深，构造应力和上覆地层压力相比较小，同时因为缺少杨氏模量测井资料，本书在计算地应力时仅考虑了上覆地层压力。依据第 5 章5.3节中所述方法，采用式(5.12)计算上覆地层压力，式中 H 值取煤层底板标高值，上覆地层平均密度根据本区测井资料统计所得，取值为 2.7 g/cm³。根据实际应用需要将计算结果划分为地应力高、地应力中、地应力低三个等级，划分结果如图 6-14 所示。

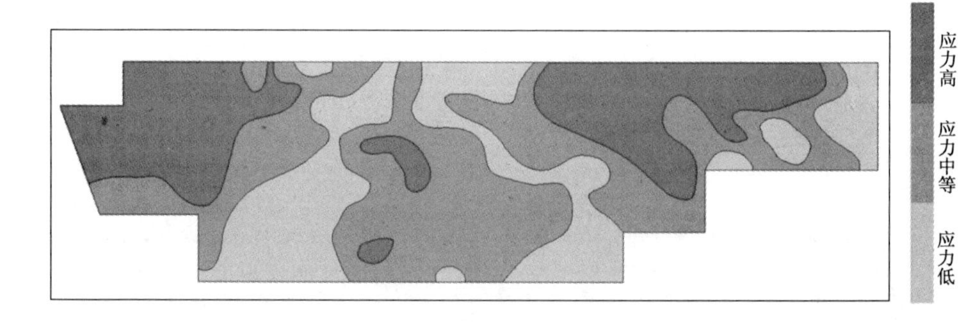

图 6-14 勘探区地应力分布

6.2.5.3 煤层气储层渗透性预测

将裂缝密度预测结果和地应力计算结果使用第 5 章 5.4 节中介绍方法进行直接融合，融合结果作为储层渗透性高低的判断依据，预测结果如图 6-15 所示。图中高渗透性区即为煤层气开采有利区。

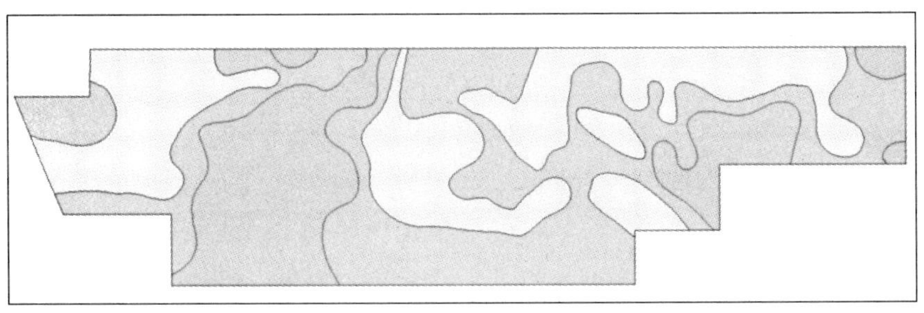

图 6-15 勘探区渗透性预测结果

6.2.6 高丰度煤层气富集区预测

将勘探区资源条件与开采条件做直接融合，并依据 6.1.2 中描述的规则对勘探区的高丰度煤层气富集区进行预测。预测结果如图 6-16 所示，图中白点处标注的为煤层气钻孔，括号内数值为煤层气日产量值，具体数值见表 6-5。

表 6-5 勘探区 3# 煤层现有煤层气孔产量

序号	钻孔号	产量/$m^3 \cdot d^{-1}$
1	X1	3 467
2	X2	782
3	X3	1 392
4	X4	3 504
5	X5	2 832
6	X6	2 520
7	X9	2 307

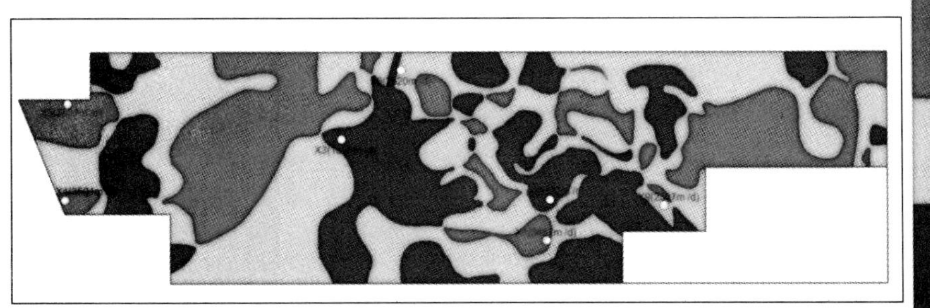

图 6-16 高丰度煤层气富集有利区预测结果

从对比表6-5中的数据可以看出日产量较高的X1、X4和X5井均落到了煤层气高产区有利区，而产量较低的X2井则落到了不利区，证明了本书提出的基于地震属性融合的高丰度煤层气富集区预测方法的有效性。

7 结 论

本书围绕高丰度煤层气富集区地震预测方法展开了一系列工作，最终形成了一种基于多地球物理信息融合的高丰度煤层气富集区地震预测方法。通过在沁水盆地某勘探区煤层气开采实验区进行的实证研究证明了本书提出的方法具有实用性和可行性，取得了较为满意的成果，获得的结论总结如下：

(1) 井下含气煤体原位测试和基于等效介质理论的煤层气储层弹性参数研究都表明了随着煤储层中煤层气含量值的增加，煤储层的密度、速度等弹性参数均会发生变化，当煤层气含量值从 0 增加到 30 m^3/t 的过程中，纵波速度减小可以达到 15.5%，从理论上证明了使用地震技术勘探煤层气的可行性。

(2) 通过煤层气储层地震模型的正演模拟和钻孔统计实测煤层气含量值的双层指导，确定均方根振幅、频带宽度、主频和瞬时相位 4 种地震属性为研究区煤层气储层含气量敏感地震属性。

(3) 由于煤层气储层含气量受多种地质因素影响，地震属性也是多种地质因素综合影响的结果，因此使用单一地震属性预测煤层气储层含气量必然会存在不确定性和多解性。使用基于 DST 和 DSmT 自适应信息融合算法对含气量敏感地震属性融合，将融合结果在决策规则的指导下对煤层气储层含气量进行预测，可以大大地降低多解性和不确定性，有效地提高预测精度。

(4) 煤层气储层裂缝密度和地应力是影响煤层气储层渗透率的两个主要因素，通过对煤层气储层方位 AVO(AVA)的研究与应用可以预测煤层气储层的裂缝密度。使用地震方法虽无法定量预测煤层气储层的渗透率，但可以对其渗透性做定性分析，从而预测高丰度煤层气富集区的开采有利区。

(5) 本书提出的高丰度煤层气富集区地震预测方法通过在沁水盆地某勘探区煤层气开采实验区的实证研究，证明了该方法的实用性和有效性，并具有一定的推广价值。

参考文献

[1] 俞启香.矿井瓦斯防治[M].徐州:中国矿业大学出版社,1992.

[2] 苏现波,陈江峰,孙俊民,等.煤层气地质学与勘探开发[M].北京:科学出版社,2001.

[3] FLORES R M. Coalbed methane: from hazard to resource[J]. International Journal of Coal Geology,1998,35(1-4):3-26.

[4] 张新民,解光新.我国煤层气开发面临的主要科学技术问题及对策[J].煤田地质与勘探,2002,30(2):19-22.

[5] 孙茂远,黄盛初,等.煤层开发利用手册[M].北京:煤炭工业出版社,1998.

[6] 孙茂远,范志强.中国煤层气开发利用现状及产业化战略选择[J].天然气工业,2007,27(3):1-5.

[7] CHARLES M, BOYER Ⅱ, BAI QINGZHAO. Methodlogy of coalbed methane resource assessment[J]. International Journal of Coal Geology, 1998,35(1-4):349-368.

[8] 李辛子,郭全仕.煤层气地球物理技术研究综述 [C]//2008 年煤层气学术研讨会论文集[M].北京:地质出版社,2008.

[9] 汤红伟.地震勘探技术在煤层气富集区预测中的探索性研究[J].中国煤炭,2012,38(2):46-49.

[10] 渥·伊尔马滋.地震资料分析:地震资料处理、反演和解释[M].刘怀山,等,译.北京:石油工业出版社,2006.

[11] 彭苏萍,邹冠贵,李巧灵.测井约束地震反演在煤厚预测中的应用研究[J].中国矿业大学学报,2008,37(6):729-733.

[12] 常锁亮,刘大锰,王明寿.煤层气勘探开发中地震勘探技术的作用及应用方法探讨[J].中国煤层气,2008,5(2):23-27.

[13] 邹冠贵,彭苏萍,张辉,等.地震波阻抗反演预测采区孔隙度方法[J].煤炭学报,2009,34(11):1507-1511.

[14] YENUGU M,FISK J C,MARFURT K J,et al. Probabilistic Neural Network inversion for characterization of coalbed methane[J]//Seg Technical Program Expanded,1949(1)2906-2910.

[15] 梁英. 三维三分量采区地震勘探应用效果[J]. 中国高新技术企业,2009(15):26-27.

[16] 柳楣,匀精为,于光明,等. 利用煤层裂隙地震各向异性寻找煤层气气藏[J]. 中国煤田地质,2001,13(3):57-58.

[17] 杨维,王赟,芦俊,等. 应用三分量地震数据提高 Langmuir 法计算煤层气含量的精度:以淮南顾桥煤矿为例[J]. 石油物探,2012,51(2):151-155.

[18] 王赟,高远,接铭训. 煤系地层裂缝裂隙发育带的预测[J]. 煤炭学报,2003,28(6):566-568.

[19] 殷全增. 利用地震数据预测煤系地层裂隙[J]. 中国煤田地质,2006,18(4):56-58,70.

[20] 芦俊,王赟,赵伟. 应用三分量地震数据反演煤系地层孔隙含水量[J]. 地球物理学报,2010,53(7):1734-1740.

[21] 崔若飞,陈同俊,钱进,等. 煤层气(瓦斯)地震勘探技术[J]. 中国煤炭地质,2012,24(6):48-56.

[22] MARROQUÍN I D, HART B S. Seismic attribute-based characterization of coal-bed methane reservoirs: An example from the Fruitland Formation, San Juan basin, New Mexico[J]. American Association of Petroleum Geologists Bulletin, 2004, 88(11), 1603-1621.

[23] TEBO J M. Use of Volume-Based 3-D Seismic Attribute Analysis to Characterize Physical-Property Distribution: A Case Study to Delineate Sedimentologic Heterogeneity at the Appleton Field, Southwestern Alabama, USA[J]. Journal of Sedimentary Research, 2005, 75(4): 723-735.

[24] 张延庆,程增庆,用地震资料预测煤层气储层参数的方法初探[J]. 煤田地质与勘探,2002(4):24-26.

[25] 陈金刚. 构造曲率对煤储层渗透率的控制关系[J]. 西部探矿工程,2010,22(6):149-150.

[26] 杜文凤,彭苏萍. 利用地震层曲率进行煤层小断层预测[J]. 岩石力学与工程学报,2008,27(增):2901-2906.

[27] 吴俊,于兴河,李胜利,等. 地震多属性变换法及其在孔隙度预测中的应用:以束鹿凹陷西斜坡台家庄区块为例[J]. 石油物探,2011,50(4):393-397.

[28] 黄超平. 地震属性在延川南煤层气勘探中的应用[J]. 中国煤层气,2012,9(5):24-28.

[29] 汪志军,刘盛东,路拓,等. 媒体瓦斯与地震波属性的相关性试验[J]. 煤田地质与勘探,2011,39(5):63-65,68.

[30] 李艳芳,程建远,王成.基于支持向量机的地震属性优选及煤层气预测[J].煤田地质与勘探,2012,40(6):75-78.
[31] 胡朝元,彭苏萍,赵士华,等.煤层气储层参数多信息综合定量预测方法[J].煤田地质与勘探,2005,33(1):28-32.
[32] 孙鹏远.AVO技术新进展[J].勘探地球物理进展,2005,28(6):432-438.
[33] 胡朝元,彭苏萍,杜文凤,等.利用地震AVO反演预测煤与瓦斯突出区[J].天然气地球科学,2011,22(4):728-732
[34] 杜文凤,彭苏萍,王珂,等.瓦斯突出煤和非突出煤AVO响应的比较[J].中国煤炭地质,2010,22(6):45-48.
[35] 孙斌,杨敏芳,孙霞,等.基于地震AVO属性的煤层气富集区预测[J].天然气工业,2010,30(6):15-18.
[36] 张兴平.高、低产煤层气井AVO正演特征及其识别[J].中国煤炭地质,2011,23(6):48-51,64.
[37] 屈绍忠,林建东.浅谈煤层气与游离气共同开发新思路[J].中国煤炭地质,2013,25(2):64-70.
[38] 邱杰,符文,孟祥迪,等.AVO技术在煤层气勘探中的应用[J].中国煤炭地质,2013,25(3):55-57.
[39] 林建东,霍全明,吴奕峰.多井约束三维地震反演技术在煤厚预测中的应用[J].中国煤田地质,2003,15(3):43-45.
[40] 陈强,刘鸿福.应用P波AVO技术预测煤层气储层裂隙[J].科技情报开发与经济,2008,18(13):125-127.
[41] 彭晓波,彭苏萍,詹阁,等.P波方位AVO在煤层裂缝探测中的应用[J].岩石力学与工程学报,2005,24(16):2960-2965.
[42] 毛宁波,谢涛,杨凯,等.裂缝储层地震方位AVO正演模拟研究及应用[J].石油天然气学报,2008,30(5):59-63.
[43] 杜惠平.利用纵波方位AVO技术进行裂缝检测[J].新疆石油地质,2008,29(5):569-571.
[44] 刘朋波,蒲仁海,潘仁芳,等.多方位AVO技术在裂缝检测中的应用[J],石油地球物理勘探,2008,43(4):437-442.
[45] 常锁亮,杨起,刘大锰,等.煤层气储层物性预测的AVO技术对地震纵波资料品质要求的探讨[J].地球物理学进展,2008,23(4):1236-1243.
[46] 贺振华,胡光岷,黄德济.致密储层裂缝发育带的地震识别及相应策略[J].石油地球物理勘探,2005,40(2):190-195.
[47] RAMOS A C B. 3-D AVO analysis and modeling applied to fracture detec-

tion in coaled methane reservoirs[J]. Geophysics,1997,62(6):1683-1695.
[48] 彭苏萍,高云峰,杨瑞召,等. AVO 探测煤层瓦斯富集的理论探讨和初步实践-以淮南煤田为例[J]. 地球物理学报,2005,48(6):1475-1486.
[49] 常锁亮,刘洋,赵长春,等. 地震纵波技术预测煤层瓦斯富集区的探讨与实践[J]. 中国煤炭地质,2010,22(8):9-15.
[50] 陈同俊,王新,崔若飞. 基于方位 AVO 正演的 HTI 构造煤裂隙可探测性分析[J]. 煤炭学报,2010,35(4):640-644.
[51] 王红岩,赵洪林,赵庆波,等. 煤层气富集成藏规律[M]. 北京:石油工业出版社,2005.
[52] PALMER I D,METCALFE R S,YEE D,et al. 煤层甲烷储层评价及生产技术[M]. 秦勇,曾勇,主编译. 徐州:中国矿业大学出版社,1996.
[53] 宋岩,张新民,等. 煤层气成藏机制及经济开发理论基础[M]. 北京:科学出版社,2005.
[54] 张新民,庄军,张遂安. 中国煤层气地质与资源评价[M]. 北京:科学出版社,2002.
[55] 苏现波,陈江峰,孙俊民,等. 煤层气地质学与勘探开发[M]. 北京:科学出版社,2001.
[56] 赵靖舟,时保宏. 中国煤层气富集单元序列划分初探[J]. 天然气工业,2005,25 (1):22-25.
[57] 孙茂远,杨陆武,吕宣文. 开发中国煤层气资源的地质可能性与技术可行性[J]. 煤炭科学技术,2011,29(11):45-46.
[58] 张培河. 煤层气成藏条件分析方法:以韩城地区为例[J]. 中国煤层气,2008,5(3):12-16.
[59] 胡国艺,关辉,蒋登文,等. 山西沁水煤层气田煤层气成藏条件分析[J]. 中国地质,2004,31(2):213-217.
[60] 张群,冯三利,杨锡禄. 试论我国煤层气的基本储层特点及开发策略[J]. 煤炭学报,2001,26(3):230-235.
[61] 叶建平,史保生,张春才. 中国煤储层渗透性及其主要影响因素[J]. 煤炭学报,1999,24(2):118-122.
[62] LOGAN T L. Drilling techniques for coalbed methane[J]. Hydrocarbons From Coal,1993:269-285.
[63] 刘雯林. 煤层气地球物理响应特征分析[J]. 岩性油气藏,2009,21(2):113-115.
[64] 陈颙,黄庭芳,刘恩儒. 岩石物理学[M]. 合肥:中国科技大学出版社,2009.

[65] 席道瑛,徐松林. 岩石物理学基础[M]. 合肥:中国科技大学出版社,2012.
[66] HILL R. The elastic behaviour of a crystalline aggregate[J]. Proceedings of the Physical Society,1952,65(5):349-354.
[67] ZUO L,HUMBERT M,ESLING C. Elastic properties of polycrystals in the Voigt-Reuss-Hill approximation[J]. Journal of Applied Crystallography,1992,25(6):751-755.
[68] WINKLER K W. Estimates of velocity dispersion between seismic and ultrasonic frequencies[J]. Geophysics,2012,51(1):183-189.
[69] 刘盛东,张平松. 地下工程震波探测技术[M]. 徐州:中国矿业大学出版社,2008.
[70] 王贤,杨永生,陈家琪,等. 地震正演模型在预测薄储层中的应用[J]. 新疆地质,2007,25(4):432-434.
[71] 肖开宇,胡祥云. 正演模拟技术在地震解释中的应用[J]. 工程地球物理学报,2009,6(4):459-464.
[72] 张永刚. 地震波场数值模拟方法[J]. 石油物探,2003,42(2):143-148.
[73] 李信富,李小凡,张美根. 地震波数值模拟方法研究综述[J]. 防灾减灾工程学报,2007,27(2):241-248.
[74] 邓帅奇. 全空间弹性波场数值模拟与逆时偏移成像方法研究[D]. 徐州:中国矿业大学,2012.
[75] 董良国,马在田,曹景忠. 一阶弹性波方程交错网格高阶差分解法稳定性研究[J]. 地球物理学报,2000,43(6):856-864.
[76] 张霖斌,刘迎曦,赵振峰. 有限差分波动方程正演模拟震源处理[J]. 石油地球物理勘探,1993,28(1):46-50.
[77] 陈可洋. 声波完全匹配层吸收边界条件的改进算法[J]. 石油物探,2009,48(1):76-79.
[78] 王永刚,邢文军,谢万学,等. 完全匹配层吸收边界条件的研究[J]. 中国石油大学学报(自然科学版),2007,31(1):19-24.
[79] 董良国,马在田,曹景忠. 一阶弹性波方程交错网格高阶差分解法稳定性研究[J]. 地球物理学报,2000,43(6):856-864.
[80] TANER M T. Seismic attributes[J]. CSEG recorder,2001,26(7):48-56.
[81] BROWN A R. Seismic attributes and their classification[J]. Leading Edge,2012,15(10):1090.
[82] WHITE R E. Properties of instantaneous seismic attributes[J]. Leading Edge,1991,10(7):26-32.

[83] ROBERTSON J D,FISHER D A. Complex seismic trace attributes[J]. Leading Edge,2012,7(6):22-26.

[84] 程乾生.信号数字处理的数学原理[M].北京:石油工业出版社,1979.

[85] 倪逸,杨慧珠,郭玲萱,等.储层油气预测中地震属性优选问题探讨[J].石油地球物理勘探,1999,34(6):614-626.

[86] 马中高,管路平,贺振华,等.利用模型正演优选地震属性进行储层预测[J].石油学报,2003,24(6):35-39.

[87] 韩崇昭,朱洪艳,段战胜,等.多源信息融合[M].北京:清华大学出版社有限公司,2006.

[88] SHAFER G,LOGAN R. Implementing Dempster's rule for hierarchical evidence[J]. Artificial Intelligence,2008,33(3):271-298.

[89] 潘泉,于昕,程咏梅,等.信息融合理论的基本方法与进展[J].自动化学报,2003,29(4):599-615.

[90] DEMPSTER A P. Upper and lower probabilities induced by a multivalued mapping [J]. The Annals of Mathematical Statistics, 1967, 38 (2): 325-339.

[91] DEMPSTER A P. New methods for reasoning towards posterior distributions based on sample data[J]. The Annals of Mathematical Statistics, 1966,37(2):355-374.

[92] SHAFER G. A mathematical theory of evidence[M]. Princeton:Princeton university press,1976.

[93] SMARANDACHE F,DEZERT J. Advances and applications of DSmT for information fusion: collected works[M]. Volume 2. Rehoboth: American Research Press,2006.

[94] DEZERT J,SMARANDACHE F. On the generation of hyper-powersets for the DSmT[J]. Sixth International Conference of Information Fusion, 2003,2(4):1118-1125.

[95] JUN H O U,ZHANG M,QUAN P. A Adaptive Integration Algorithms with DST and DSmT [J]. Microelectronics & Computer,2006(10):48.

[96] 周宪英.DST 与 DSmT 自适应融合门限研究[J].舰船电子工程,2009,29(12):128-129.

[97] 蒋雯,张安,杨奇.一种基本概率指派的模糊生成及其在数据融合中的应用[J].传感技术学报,2008,21(10):1717-1720.

[98] 潘巍,王阳生,杨宏戟.D-S 证据理论决策规则分析[J].计算机工程与应

用,2004,40(14):14-17.

[99] 叶建平.煤岩特性对平顶山矿区煤储层渗透性的影响初探[J].中国煤田地质,1995,7(1):82-85.

[100] MCKEE C R,BUMB A C,KOENIG R A. Stress-dependent permeability and porosity of coal and other geologic formations[J]. SPE formation evaluation,1988,3(1):81-91.

[101] 连承波,李汉林.地应力对煤储层渗透性影响的机理研究[J].煤田地质与勘探,2005,33(2):30-32.

[102] 张虹,胥菊珍,杨宏斌,等.华北地区煤储层渗透率的外在影响因素分析[J].大庆石油地质与开发,2002,21(3):18-19.

[103] 李东会.煤储层各向异性波场模拟与特征分析[D].徐州:中国矿业大学,2012.

[104] RÜGER A. Variation of P-wave reflectivity with offset and azimuth in anisotropic media[J]. Geophysics,1998,63(3):935-947.

[105] 甘其刚,高志平.宽方位 AVA 裂缝检测技术应用研究[J].天然气工业,2005,25(5):42-43.

[106] 尚新民,石林光,李红梅,等.胜利油田 YA 地区三维地震资料 AVO 处理[J].石油物探,2001,40(3):82-93.

[107] 孙学增,李士斌,张立刚.岩石力学基础与应用[M].哈尔滨:哈尔滨工业大学出版社,2011.

[108] ENEVER J,CASEY D,BOCKING M. The role of in-situ stress in coalbed methane exploration [M]//MASTALERZ M, GLIKSON M, GOLDING S D. Coalbed Methane: Scientific, Environmental and Economic Evaluation. Berlin:Springer Netherlands,1999:297-303.

[109] 何英.高精度曲率分析方法及其在构造识别中的应用[D].成都:成都理工大学,2011.